残念な「オス」という生き物

藤田紘一郎 著
Koichiro Fujita

Forest
2545
Shinsyo

まえがき

かつて私は、寄生虫の一種であるサナダムシを6代にわたり、15年間自らの腸の中に飼うという実験を行っていました。

その理由は、寄生虫によるアレルギー抑制の機序（メカニズム）を明らかにし、それを証明したかったからです。医学界からの反響や反発はとても大きかったのですが、このことから私は「寄生虫博士」と呼ばれるようになりました。

初代のサナダムシには、サトミちゃんという名前をつけました。2代目はヒロミちゃん、3代目がキヨミちゃん、4代目がナオミちゃん、5代目がカツミちゃん、最後の6代目がホマレちゃんです。

よく、「サナダムシたちの名前の由来は何ですか？」「かつて先生が好きだった女の人の名前ですか？」「ずいぶんいらっしゃいますね……」などと聞かれますが、残念ながら違います。

答えは、サナダムシは雌雄同体なので、イチローとかハナコのような、性別が明確に分かれているような名前はつけられないのです。つまり「ゴウヒロミ」のように、男でも女でも使える名前を選んで命名したのでした。

サナダムシなどの寄生虫をはじめ、カタツムリ、ナメクジ、ミミズ、アメフラシなど、生物界を見渡すと、雌雄同体の生き物はけっこう多く存在しています。雌雄同体の中にも、オスになったりメスになったりと、ひとつの身体で自由自在に性を転換できる生き物もいるのです。

このように、オスとメスの個体が必ずしも存在しなくても繁殖できる生物がいる一方で、人間のように「男」と「女」の性差を有する生物がいるのはなぜでしょう。

私はこのことを昔から不思議に思っていたのですが、みなさんは考えてみたことがありますか？

自らの若い頃を思い出しても、女性に関しては、思いどおりにいかなかった苦い経験ばかりです（端的に言えば、女性にモテる男友達を遠くから指をくわえて見ていただけということですが）。

好きな異性のことを考えていると、夜も眠れなくなるし、カッコつけなければならないし、オシャレもしなければなりません。失恋をしてしまえば、悲しくて何日も落ち込んだり、食欲がなくなったり過食したりと、精神的に大打撃を受けます。悩みや面倒が多くなって煩わしいはずなのに、この世には「男」と「女」が存在するのです。

これらのことをいくら考えても一向に答えは出てきませんでしたが、改めて生物界から「男」と「女」を俯瞰《ふかん》することで、見えてきたことがありました。

それは、**性差があることで、いろいろな物語が生まれてくることです。**私たち人間でも、男女のお付き合いや恋愛の駆け引きなどの話は、雑誌やバラエティー番組などでも多く取り上げられるように、みんなが大好きなトピックです。

しかし人間に限らず、昆虫や鳥類や動物でも、オスとメスの間に繰り広げられる不思議な物語があるのです。

特に「オス」に注目してみると、何と残念な生き物なのだと思わせる物語がたくさん出てきます。単独では子孫を残すことができない「オス」の必死な行動や悲哀の先には愛おしさがあり、やはり「男」と「女」の存在は、地球上の生物が進化するうえでの素晴らしい戦略だったと思わざるを得ないのです。

ここ最近になって、やっと多様性について議論される世の中となってきました。性別はどうして存在するのだろう、という疑問や好奇心がそれぞれの性差の存在を認めることにつながり、多様性を受け入れるきっかけになるのではないかと感じています。

本書がその一端にでもなれば、著者として大変嬉《うれ》しく思います。

まえがき　003

第1章　生物界は「残念なオス」だらけ!?　013

第2章 人類が選択した「一夫一妻制」の臨界点

第3章 オス不要論……125

第4章 残念すぎる「人類」という生物——オスもメスもみーんな仲良く絶滅する説……155

装丁・本文デザイン……河村誠
カバーイラスト・本文イラスト…芦野公平
DTP……キャップス

第1章

生物界は「残念なオス」だらけ!?

男女の役割が激変する日本の社会

私は、過去二十数年間、毎年1回ニューギニアを訪れていました。

多くのニューギニア人と接触しているうちに、彼らが属している社会が私たち日本人の構成している社会と大きく異なっていることに気がつきました。

彼らは狩猟採集社会に属しています。狩猟採集によって得た食糧は、部族全員に平等に配られ、平和な社会が維持されていました。男性も女性も生きるために良好な環境が部族全体に行きわたっていたのです。

狩猟採集社会から農耕社会を通じて男女の役割はきれいに分かれていました。男は一家の長であり、男の言葉がその家での法律でした。家族を外部の脅威から守り、必要なものを与えるのが男の役割でした。

一方、女性は子どもを育て、家庭の生活を守る役目をずっと続けてきました。

それに比べて、私たちが住んでいる現代の日本社会は、とても生きづらい社会になっていることに私は気がつきました。

狩猟採集社会から農耕社会に移行した結果、平等はなくなり、貧富の差が出てきたのです。それればかりではありません。男女の役割も大きく変化してきました。

特に男性は、今の時代に生き続けることが大変になってきたのです。

なぜ、男は自殺率が高いのか？

20世紀に入り、先進国では男女の不平等について問題視し、議論を重ねて解消に向けて少しずつ歩み始めているとされています。

そんな中、2015年のデータですが、1960年以降で女性の自殺率は34％減っているのに対し、**男性の自殺率は逆に16％増加している**という統計が出ています。

男女の不平等をなくすために始まったフェミニズム運動は、台所に縛りつけられていた女性の鎖を断ち切りました。その結果、先進国では女性の大半が、望むと望まないとにかかわらず仕事をするようになりました。女性は子どもを産み、育て、今まで男が担っていた仕事も受け持つようになったのです。

現代のイギリスでは、5世帯に1世帯は父親のいない母子家庭だとされています。このような状態は、女性にとって生きづらい社会ではないかと思われる人が多いと思いますが、実際には逆です。

どちらかというと、男性のほうが生きづらい世の中なのです。

子どもさえつくれば、女性にとって男性はもう不要という状態だからです。もしかするとこれが、男性の自殺率増加の原因になっているのかもしれません。

私たちがこれまでつくってきた文明は、便利さ、快適さを達成しました。私たち日本人は、その文明の中にどっぷりと浸かり、ひたすら豊かさを享受してきました。

しかしそれは、私たちの心や身体《からだ》を少しずつ蝕《むしば》んでいったのです。

現代では男も女も生きづらい社会になってしまいました。環境汚染によってダイオキシンのような環境ホルモンが放出され、男性の女性化が起こったり、ストレスや活性酸素を多く浴びる生活で、男性も女性も非常に弱い生き物になっています。

男女ともども性欲を失い、子どもを産もうとする意欲がなくなり、そのストレスのための異性間のトラブルも世界各地で増えてきました。

現代において、私たちの生存を脅かしているものは、実は私たちがつくり上げてきた「文明」そのもの。私たちに今必要なのは、自然の中にいる生物の生き方をもう一度振り返ることなのです。

もともと動物であったことを忘れてしまった人間

「人間についてわからなくなったら原点に帰れ。答えは動物に訊《き》けばよい」

この言葉は、生物学の権威である京都大学名誉教授、故日高敏隆氏のものです。

今日の日本では、せっかく苦労して結婚しても、離婚してしまう夫婦が増えています。それも結婚して割と早い時期、ある統計によると結婚した夫婦の約4割が、結婚後4～5年で別れるという調査結果が出ています。

昔は夫婦で過ごす期間が長くなるにつれて倦怠期《けんたいき》が訪れ、離婚の危機に直面すると思われていましたが、ある調査では、もっとも離婚率が高くなるのは結婚初期の4〜5年目頃で39％、それを過ぎると破局の危険性はぐんと減り、10年のカップルで離婚する率は20％足らず、結婚40年目で離婚率は1％にまで下がるとのことです。

また、一生の間、結婚を一度もしない人も増えてきています。

「生涯未婚率」は、正確には生涯を通じて未婚である割合を示すものではなく、50歳の時点で結婚したことのない人の割合のことです。50歳で未婚の人は将来的に結婚する予定がないと思われると定義し、生涯独身でいる人がどれくらいいるかを示す統計指標として使われています。

生涯未婚率は、2015年の国勢調査では男性23・37％、女性14・06％と、前回の2010年の結果と比べて急上昇し、過去最高を更新しました。

特に男性は2005年の調査に比べて7ポイント以上も増えています。

さらに最近では**「夫源病」**という言葉が女性の間で話題になっています。文字どおりに夫が原因の病で、頭痛やめまいなどの症状が表れる女性が多いとのことです。

世界一便利で豊かになったといわれ、健康情報が街にあふれ、美味《おい》しい食べ物がいつでもどこでも手に入るようになった日本なのに、男女の関係はねじれてこんがらがってしまい、結果的に女も男も疲れ切ったり、心を病んだりしているのです。

なぜこんなことになっているのでしょう。

それは私たちが「人間はもともと動物である」ことや「男の考え方、女の考え方はそれぞれ違う」ことを忘れてしまっていることが原因です。

完璧を目指すよりまず終わらせろ

現在の私たちになるホモ・サピエンスが誕生したのは、たった20万年前のことです。地球上に生物が初めて出現した38億年前に比べて20万年というのは、まばたきする一瞬にすぎません。**私たちの本来の姿は、動物とあまり相違ないのです。**

Done is better than perfect.
「完璧を目指すよりまず終わらせろ」

この言葉はソーシャルネットワークサービス（SNS）を提供するフェイスブック社内の壁に貼られているモットーだそうです。完璧だけを目指していたらフラストレーションが溜まり、失敗を恐れて何もできなくなり、成長もないということです。

動物の世界を見ていると、どれも完璧など目指していません。かなりいいかげんで、目的がある程度達成されると、途中でその仕事をやめてしまいます。

たとえば多くの野生動物や昆虫は、同じ餌場《えさば》でいつまでも食べ続けることはしません。同じ場所で食べ続けていると、餌場にいる餌はだんだん少なくなり、しまいには枯渇してしまうからです。鳥の研究者であるオックスフォード大学のジョン・クレブス博士は、このことを**「最適採餌《さいじ》戦略」**と定義して論じています。

例を挙げると、テントウムシは植物についたアブラムシを食べていますが、全部食い尽くすことはしません。適当に食い散らかして、次の植物に移っていきます。

食べ残されたアブラムシは、触覚で自分の仲間が少ないことを察知します。アブラムシのメスは春から夏にかけて単為生殖をするため、短期間で一気にたくさんの子どもを産み、あっという間に元の個体数へと戻すことができるのです。

このように、完璧を目指すことは自らの生存をも脅かすということを、動物や昆虫はすでに知っているのです。彼らの生存するための知恵の一つといっていいでしょう。

私たち人間も、完璧とは程遠い生き物です。にもかかわらず、いつも完璧を目指そうとしています。男女の関係にも同じことがいえて、不完全な生き物同士が互いに完璧を目指そうとするから行き違いや歪《ゆが》みが生じてくるのです。

女性はいつも「男ってバカね」と不満を口にします。

男性も「女はバカだ」と思っています。

この男女の違いが、現代を生きる私たちのさまざまな悩みの原因になっています。

女性が言っていることが本当か、男性の思っていることが本当なのか……。

ここからはその真実について、さまざまな生物を例にとりながら検証していくことにしましょう。

ひたすらモテるために美しく進化したオス

クジャクのオスは身体に飾りをいっぱい着けて、長く美しい尾を持っています。オナガドリのオスも体長の2倍以上の美しい尾を持っています。

飛行能力が低下したり、目立つために天敵にやられたりしてしまう危険性があるのになぜでしょうか。

生物の進化論は今から約160年前、ダーウィンが『種の起源』の中で**「自然淘《とう》汰《た》」**という考えを明らかにし、それを中心に考えられてきました。つまり、生物が変異する中で、自分が生き抜くために必要なものだけを選抜するというものです。

しかし、クジャクのオスは、派手な飾りを着けて長い尾を持つことで捕食者に狙《ねら》われやすく、逃げ遅れることが考えられます。

それが生き抜くために必要な選抜とは思えません。

そこでダーウィンは**「性淘汰」**という考え方を導入しました。つまり**自然淘汰上は**

不利であっても、その性質が繁殖に役立つのならば、それも進化の要因になるという考え方です。

クジャクやオナガドリのオスが派手な羽根飾りを着けているのは、「メスにモテるため」であり、視覚的な刺激を与えて、メスを交尾に誘い込むために用意されているのです。そして、メスも相手を見てじっくり選んでいるということです。

その他にも、オスの目立ちすぎる求愛行動はさまざまな動物で見られます。

オスのヒツジは同性の仲間と頭突きをして、メスに自分の強さをアピールします。また、カエルのオスは大きな声で鳴けば鳴くほど、交尾の成功率が上がるといわれています。

そして、**極楽鳥と呼ばれているフウチョウは、鮮やかな色の奇抜なデザインをした飾り羽を背負い、コミカルな求愛ダンスをする姿が有名です。**

オスはあらゆる手段を用いてメスに必死のアピールをしているわけです。

ところで、このフウチョウのオスたちの求愛ダンスを西洋人で初めて目撃したのが、ダーウィンと並んで進化論を提唱したイギリスの博物学者アルフレッド・ラッセル・ウォレスでした。彼は極楽鳥を追ってニューギニア地方のアルー諸島に渡り、のちに極楽鳥についての観察を細かく書き記した本を出しています。

私も20年以上、毎年のようにニューギニアへ現地調査に行っていましたが、この極楽鳥のダンスはたった一度しか見たことがありません。しかしそれを目撃したときは、その美しさに息をのむと同時に、自分を格好良く見せようと必死になるオスの悲哀を感じたものでした。

他にもシリアゲムシのメスは、オスの色やサイズだけではなく「左右対称」にも反応しています。彼らの世界ではオスがメスにモテる条件は、左右の翅《はね》の完全な「対称」なのです。バランスが良いと運動能力に優れ、餌を捕るのも上手であり、良い遺伝子を残せるということからでしょうか。

私たち人間についても、「身体の部分の左右バランスが良い男は、アンバランスな男よりも3〜4年早く性体験を持つ」という研究結果があります。

進化の先端を走っていると思われている人間でも、動物と同じように「性淘汰」が影響しているのです。

「騙したもの勝ち」のオスとメスの熾烈な世界

いくら残念と思われようが、男には捨てることのできないプライドがあります。プライドを堅持したままモテればいいのですが、そうもいかないのが現実です。恋敵に勝つために、時にはプライドをも捨てなければなりません。

ハチの一種である寄生コバチでは、メスが出すフェロモンをオスが嗅《か》ぎつけるやいなや、たちまちオスが集まってきて求愛を始めます。1匹のメスに対して、多い時で

15匹ものオスがプロポーズのために集まることもあるといいます。

求愛するとき、まずオスは第一作戦に出ます。この作戦は、他にライバルのオスがいないときに実行される戦術です。

オスはメスのいる葉の端に降り立ち、翅を羽ばたいて低音の魅力で口説きます。そしてそのままお腹を上に押し立てて足場を振動させ、メスへのさらに意味深なメッセージを送ります。

その振動に心地よくなったメスは、翅をたたんで頭を垂れます。こうなるとメスからの嬉しいOKサインであり、オスはメスの上に乗ってめでたく交尾となるわけです。

しかし、ライバルが多くいる場合は勝利の確率が下がります。

そこで第二作戦の実行です。

オスがメスに求愛している最中、他のオスがやってきたのを確認すると、自分の求愛をやめて、他のオスが求愛するのを息を殺しつつじっと見つめます。

恋敵が足場を振動しはじめ、メスがそれにうっとりしてOKサインを出した途端、その場を静かに見つめていたオスは「今だ！」とばかりに突進してメスに飛び乗り、交尾をしてしまいます。

メスを奪われた恋敵は唖然《あぜん》でしょうが、普通に求愛をして交尾に至るまでの時間が平均13秒であるのに対し、この便乗作戦だと8秒しかかからないとのことです。卑《ひ》怯《きょう》ではあるものの、非常に合理的な戦法といえます。

そしてもう一つ、もっとすごい作戦があります。第三作戦はなんと女装です。オスがプロポーズにめでたく成功して交尾にこぎつけても、メスのフェロモンを嗅ぎつけて次から次へと他のオスが近づいてきます。

近づいてくる恋敵にメスを奪われたくないオスは、ライバルに対してメスを装います。メスが交尾のOKサインを出すのと同じように、翅をたたんで頭を垂れる格好をするのです。このハチのオスとメスは外観にほとんど違いがないので、不幸にも恋敵はその姿を見てメスだと勘違いして、交尾をしようと乗り上がってきます。

しかし、もちろんオス同士なので交尾はできないため、恋敵は無駄な時間を過ごしてしまいます。そうやってオスとオスとでくっついている姿を見て、**「構っていられないわ」**と言うのかどうかはわかりませんが、メスはさっさと別の場所へと立ち去ってしまうのです。

卑怯だ、姑息《こそく》だと言われようとも、寄生コバチのオスはきっと、騙されるほうが悪いのだと涼しい顔なのでしょう。

それにしても必死でオス同士が不毛な交尾を演じている間に、メスは我関せずで立ち去ってしまう……ここではメスが一枚上手なのかもしれません。

メスのわがままに翻弄される生物界のオスたち

日本には季節ごとにいろんな行事があります。正月、節分、七夕、お盆、クリスマスなどのように昔から馴染《なじ》みの深いものに加え、ハロウィンやバレンタインといった新しいものまで、毎月のように祝い行事があるのは面白いものです。

現代では、クリスマスと誕生日には贈り物をすることが常識のようで、街にある多くの店が、ギフト用商品の品揃《しなぞろ》えとラッピングサービスに力を入れているのがわかります。クリスマスが近くなり、デパートのアクセサリー売り場で、男性が一人で一生懸命にプレゼントを選んでいるのを見ると、どんなふうに渡すのかをつい想像してしまいます。

さて、贈り物をするのは私たち人間だけではありません。なんと虫も彼女にプレゼントをするのです。

ツマグロガガンボモドキという昆虫は、見た目は大きい蚊のようですが、シリアゲムシ目という分類に属していて蚊とは異なる虫です。肉食性であり、餌はアブラムシやハエなどの昆虫を捕らえて食べているため、蚊のように血を吸うことはありません。

ツマグロガガンボモドキが餌を捕らえるときは、後ろ肢《あし》でしっかりと押さえながら、獲物に鋭い口吻《こうふん》を突き刺して殺します。同時に獲物の体内に特殊な酵素を注入して体内を液状化し、それを吸い取って餌としています。

面白いことに、オスの狩り行動には変わった特徴があります。苦労してせっかく捕まえた餌でも、ある大きさ以下の小さい獲物は捨ててしまうのです。

オスは捕らえた獲物でも3分の1くらいは、ちょっと試食しただけですぐに捨ててしまうそうです。メスはその捨てた獲物を拾って食べていることがあるため、味がまずいとか、食べにくいから捨てている、というわけではありません。

オスが獲物の大きさにこだわって小さい獲物を捨ててしまうのは、メスへのプレゼントを選《え》りすぐっているからです。オスはメスへのプレゼントのために、なるべく美味しくて、大きく見栄えのする獲物を吟味しているのです。

ツマグロガガンボモドキのオスは、納得する大きさのプレゼントが用意できると、葉や小枝に前肢でぶら下がって、腹部の先端近くにある袋状の腺《せん》からフェロモンを放出します。メスはそのフェロモンに誘われて近くまでやってきて、小枝にぶら下がっているオスと向き合う形で、同じようにぶら下がります。

オスはここがチャンスとばかりに、後ろ肢で掴《つか》んでいたプレゼントの獲物をメスに渡します。メスが獲物を掴んで口吻を突き刺して食べ始めると、オスは腹部後端を折り曲げてメスと交尾しようとします。交尾の間も、メスは受け取った獲物にしっかり口吻を突き刺して餌を吸い続けます。

しかし、いつもすんなりと交尾に持ち込めるわけではありません。プレゼントの獲物がメスの口に合わなかったり、獲物の大きさが小さかったりした場合は、メスは交

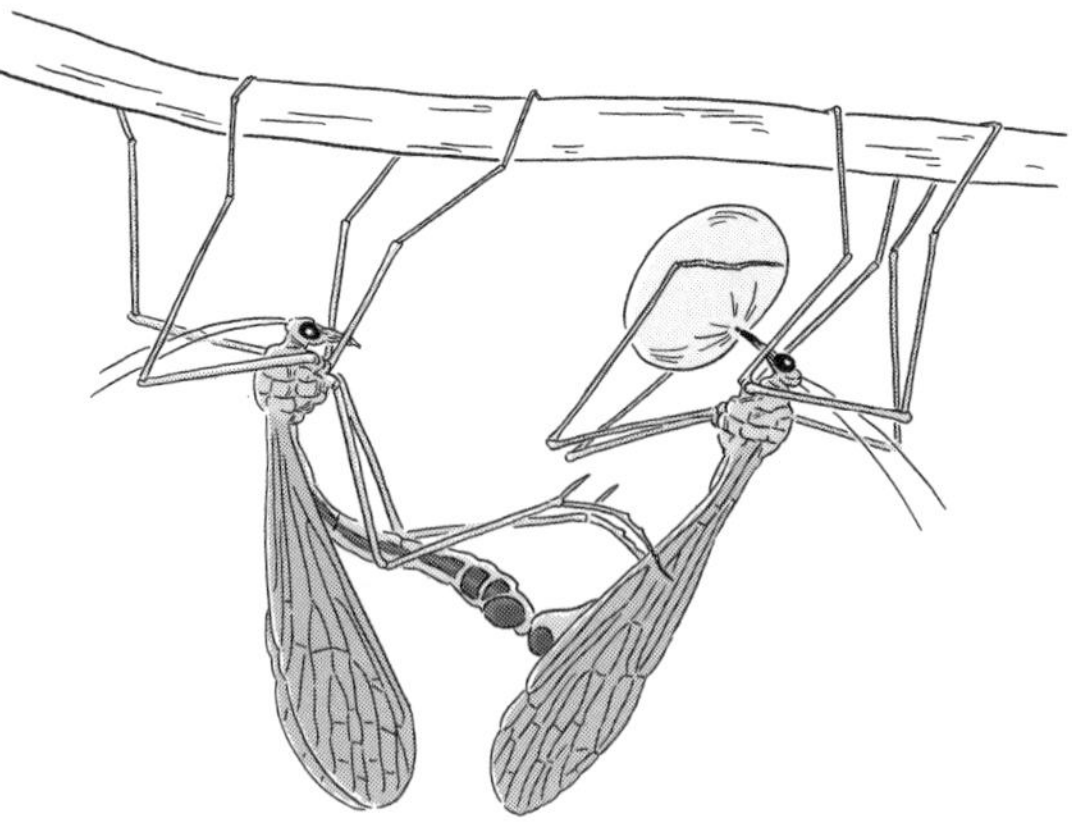

尾を中断して飛び去ってしまうのです。

たとえばテントウムシは美味しくないのか、メスは受け取っても交尾を許さないそうです。可哀《かわい》そうなオス……。なぜか私は自らの姿をツマグロガガンボモドキに重ねてしまったのでした。

さて、平均で23分間と比較的交尾時間の長いツマグロガガンボモドキですが、甘い時間を過ごした2匹の間に、急に暗雲が垂れ込めてきます。

その理由は、先ほどのプレゼントの所有権をお互いが主張するからです。

オスはメスの掴んでいるプレゼントを奪い返そうとしますが、メスのほうも、せっかくもらったプレゼントを放すものかと力が入ります。

しかしこの争いは、大体がオスの勝利に終わるそうです（なぜかほっとする私）。オスがメスから力ずくで奪い返した大きな獲物は、また違うメスを誘うためのプレゼントとして再利用するのです。

オスが大きな獲物を捕らえるときは、やはり命の危険をともないます。なるべくなら危険を冒さないで複数のメスと関係を持ちたいと思うオスは、メスからプレゼントをもぎ取ってでも使いまわすのです。

中にはもっとずる賢いオスもいるようで、交尾中のカップルから獲物を盗んだり、メスのふりをしてオスからプレゼントを受け取った途端、一目散に逃げたりもするそうです。

餌の大きさと味の選り好みをするメス、あげたプレゼントを奪い返すオス、どちらのやっていることもずる賢くて、イーブンというところでしょうか。

虫の世界でも、男と女の関係は複雑です。

すべてのオスは食料品である。

私は研究調査のために海外で長く生活した経験がありますが、やはりいちばん苦労したのは言葉でした。

米国テキサス大学でのリサーチフェロー時代には、学生に向けて講義をしなければいけませんでした。私は英語が本当に苦手だったので、「ノー、クエスチョン！」と、質問は一切受け付けないで授業を乗り切ったこともしばしばありました。学生は皆苦笑いをしながらも、最後まで私の講義を聞いてくれたことを覚えています。

こんな私でもアメリカで2年以上も過ごせたのですから、言葉はあまりできなくても海外で何とか生きていけるということは保証します。

ということで、外国語があまりできなくても私は特に気にしてはいないのですが、中には英語ばかりか、フランス語やドイツ語なども習得しているトリリンガル、マルチリンガルの人もいるということで、いろいろな国の言葉を話せると相当便利だろうな、とも思います。

これは人間に限ったことではなく、虫の世界でもマルチな意思伝達能力を活用できると便利なようです。

北米産のフォッツリス・ベルシコロルというホタルは、他の多くのホタル同様に、オスが飛びながらこの種に特有の光を放ち、「愛のメッセージ」をメスに投げかけます。これに対し、メスは同様にこの種に特有な光で応《こた》えます。

こうして両者はお互いの光に惹《ひ》かれ合って接近し、交尾をします。メスは交尾によって自分の卵を受精させるのに必要なオスの精子を手に入れると、もうそれ以上、同種のオスには見向きもしなくなります。

さて、ここからが特殊な意思伝達能力の本領発揮です。

同種のオスと交尾を終えたメスは、他種のオスが「愛のメッセージ」の光を発しているのを見つけると、他種のメスと同じ応え方で発光して応答します。つまり、他種のオスがその種のメスに向けた呼びかけの発光に対して、このホタルのメスはその種のメスと同じ光り方をして応えるのです。

自分のプロポーズに応えてもらった他種のオスは、喜び勇んでメスへ近づきます。オスはメスを見て、「あれ？ ちょっと自分と違う顔をしているような気がするけど、ボクのこと好きって言ってくれているし、国際結婚もいいかもね」なんて悠長にしています。

その隙《すき》をついたメスはオスに急に襲い掛かります。メスの脚にしっかり押さえこまれて身動きが取れなくなったオスは、一体何が起きたのかよくわかっていません。そんなオスを憐《あわ》れむこともなく、メスはおもむろに大顎《おおあご》でオスにガブリと噛みついて、餌として貪《むさぼ》り食ってしまうのです。

このように、他種のオスが発する光のメッセージがわかるということは、そのメスは他種のオスが話す「外国語」に通じていて、さらにきちんと他種の光ことばを使って応えるのですから、他言語を理解できているのです。

フォツリス・ベルシコロルのメスは、完全とまではいえないにしても、実に4カ国語もの「外国語」を操れるそうです。能ある女は、爪《つめ》を隠す。4カ国語を操るメスに、ただ食われるオス……力関係は歴然としています。

作家の村上龍さんが書いた作品に『すべての男は消耗品である。』というものがありましたが、このホタルのメスにとっては「すべての男は食料品である」のかもしれません。

生物の世界でも「隣の芝生」は青い

「隣の芝生は青く見える」とはよく言ったもので、人はついつい他人と自分とを比較してしまうものです。

最近はパソコンやスマートフォンの普及もあり、ブログやフェイスブックなどで個人の活動を気軽に報告できるため、友人の楽しそうな写真を見ては「自分は友達と比べて、つまらない毎日の繰り返しだ……」などと落ち込んでしまう人も多いそうです。

私も昔は、友人が女性を連れて歩いているのを見ては嫉妬《しっと》していたものです。それでも高校時代は「医者になれば俺だってモテる」と一心不乱に勉学に励んだわけですが、医学部合格後もまったく女性との縁がないため、落ち込みながらも開き直って柔道部に入り、男臭い中で青春時代を過ごしたのでした。

さて、人間だけではなく鳥でも、他人の秘め事を目撃することで気持ちが揺らぐことがわかっています。

日本産のウズラで、次のような実験がなされました。まず縦61センチ、横122センチ、高さ30センチの長方形の箱を用意します。囲いの前面と天井はガラス板で、その他は合板の壁でできています。

この囲いはさらに3室に分かれていて、それぞれガラス板で仕切られています。その箱の中央にはメスのウズラを入れ、両隣の部屋にはオスを1羽ずつ入れます。

つまり、メスは両側にオスが見える状態なので、両隣のオスを見比べて好きなほうを決めることができるのです。メスがどちらのオスを気に入ったかは、そのオスの側にどれだけ長く留まっていたかで推し量ります。

すると、メスはオスならだれでもいいというわけではなく、好みがあるらしいということがわかりました。

次に、そのメスが気に入らなかったオスの部屋のほうに、別のメスを入れてみます。

するとそのオスは部屋に入れられたメスに求愛します。ウズラは性活動が活発で、オスとメスを同居させると、比較的簡単に仲良くなって、交尾に至ることも多いそうです。

さて、**中央に仕切られた部屋に入っているメスに、このようなお熱いところをたっぷり見せつけます。すると、もともとは好みでないはずのオスに対して、そのメスは心変わりをするのです。**

2羽の仲睦《なかむつ》まじい姿を見せつけた後、真ん中のメスにもう一度、はじめに気に入ったオスとどちらがいいかを選択させると、他のメスと仲良くしていたオスのほうを気に入るようになったのです。

このように、メスが他のメスとねんごろになったオスに惹かれるのは、一見理屈に合わないように思えますが、それにはわけがあるようです。

それは、**メスが良いオスを選ぶのには時間もエネルギーも費やすので、その節約のために他人が選んだオスを選ぶのかもしれない、ということです。メスはどうやらとことん合理的であるようなのです。**

他人の情事に燃えるメスと萎えるオス

では、オスの場合はどうなるのでしょう。これを調べるためには、先ほどの実験の真逆を行ないます。オスを真ん中の部屋に入れ、両隣にはメスを1羽ずつ入れて好きなほうを選択させるのです。すると、オスもやはりメスの好みがあるようで、どちらか一方のメスを気に入ります。

次に、メスの場合とはやはり逆に、オスが気に入ったメスのほうに別のオスを入れます。するとこの2羽は、求愛や交尾を始めるので、真ん中のオスはカップルの熱い情事をガラス越しに嫌でも見せつけられます。

しかし、これを目撃したオスの態度は、メスがした反応とは正反対なのです。オスは気に入っていたメスとよそのオスとの仲睦まじいところを目撃すると、そのメスに対する関心が低下してしまうのです。もともとはそのメスを気に入っていたのに、そのメスが他のオスと交尾しているところを見てしまい、気持ちが冷めてしまったのです。

さらに、単に他のオスと一緒にいるところを目撃しただけでも、やはり相手への熱は冷めてしまうとのことです。

鳥類研究者の報告では、メスが2羽のオスと続けて交尾した場合、生まれる子の大半は最初のオスの子になるそうです。ウズラでも同様かどうかは確かめられていないとのことですが、**他のオスとの交尾を目撃したあとでそのメスに対して興味を失ってしまうのは、メスが自分の子を産んでくれないからだと考えられています。**

ラブラブな行為を見せられると、メスは攻めるのに対し、オスは拗《す》ねる。

ここにもメスの強さが表れているように私には見えるのです。

モテるものとモテざるものの違いとは？

「人を呪《のろ》わば穴二つ」ということわざがあります。

これは、他人に害を与えると、必ず自分に返ってくるということを意味しています。人を呪い殺したとしても、自分も報いを受けて呪われることになり、相手と自分の二つの墓穴が必要になるということです。

このことわざに近い意味を持つ、仏教の「因果応報」は、日本人が無意識のうちに自身の心に言い聞かせている言葉でしょう。

外国と比べて、日本では落とし物があっても高い確率で落とし主に返ってくることや、街に散乱するゴミが少ないことは、自身の行動を良くしていれば、廻《まわ》りまわって自分に良い結果がもたらされることを自然と理解しているからではないでしょうか。

この素晴らしい心の持ちようを、ぜひとも教えてあげたい鳥がいます。

南米のアマゾン川流域とその周辺の熱帯雨林に生息する、ギアナイワドリという鳥です。

この鳥のメスはあまり目立たない色をしていますが、オスは明るい橙《だいだい》色の羽毛で全身を飾り、頭には冠毛があって、それがおでこから口ばしの上まで扇状に覆いかぶさっています。

ギアナイワドリの求愛行動はちょっと変わっています。まず、オスが密林のある場所に十数羽集まって、それぞれが直径1メートルほどの小さな地面を踏みならして整地し、それをなわばりとして占有します。なわばりの周辺には高さ1〜2メートルの止まり木があるだけです。

このオスの密集地にメスがやってきます。すると、オスはなわばりの止まり木から地面に飛び降り、頭部の冠毛と尾羽をいっぱいに広げ、胸と背中の羽毛を逆立てて身体全体を膨らませ、誇示行動と呼ばれる自己主張を始めます。

メスはオスの誇示行動を木の上から眺めまわし、そのうち地面に降りてきて、何羽かのオスのなわばりを訪ね歩きます。しかし、すぐには交尾をしません。オスのなわばりを渡り歩き、どのオスがいいかを選んでいるのです。初めのうちは、メスは誇示行動で頑張るオスを尻目に、その場を去っていきます。

このようなオスの誇示行動とメスのなわばり巡りは、数日間続きます。メスは最終的にいずれかのオスのそばに行って交尾を誘う行動を行ない、オスはめでたくそれに応えて交尾に至るのです。

相手を選ぶことは、メスだけに与えられた特権です。メスは数十羽のオスの中から、好きな相手を自由に選ぶことができます。それに比べて、オスはまったく受け身です。メスが自分を気に入ってくれなければ交尾ができないので、モテるモテないの差がはっきりしてきます。

というのも、**なわばりに集まったオスのうち、交尾できるものとできないものの差が大きくて、モテるオスは独りでその集団の全交尾の30%を行ない、モテずに交尾できないオスは67%にも達するからです。**

モテないオスの姑息な対抗手段

モテなかったオスは、黙って指をくわえて、モテ男の行動を遠巻きに見ているわけではありません。

モテないオスは、話がまとまろうとしているカップルや、交尾に入ろうとしているカップルに割って入って攻撃し、2羽の仲を妨害して話をぶちこわすのです。

また、他のオスのなわばりにある止まり木にいるメスを追い払ったり、鳴き声や羽ばたきでカップルを脅したりもします。

このモテないオスが行なう妨害は、合意成立しているカップルの3分の1が受けているということですから、せっかく話がまとまったカップルには迷惑千万なことでしょう。

この生殖妨害の効果ですが、研究によると妨害されたカップルは交尾のチャンスが減るため、妨害されたオスは損をします。

しかも、**妨害されたメスのうち何羽かは、妨害者と交尾してしまうというのです。**特に妨害者が特定のメスに狙《ねら》いを定め、毎日そのメスと他のオスとの仲をしつこく妨害した場合、妨害の効果は高くなり、妨害したオスはそのメスとの交尾にも成功するのです。

だからといって、妨害者は有利だというわけでもないのです。なぜなら妨害者は、妨害しないオスよりも妨害を受けやすくなり、他のオスに追い払われたり攻撃されたりすることが多いのです。

しかもその妨害は、自分が前に妨害したオスから受ける場合が多く、観察された妨害の約70%は仕返しされたものだということです。

ギアナイワドリのオスに因果応報を教えるのは難しいと思いますが、他人の幸せを心から祝えることは、私たち人間が持つことのできた特別の能力だと感じざるを得ません。

ボクの遺伝子だけ残してくれませんか？

遺伝子は生き残りをかけて対立をしています。生物の間では皆自分の遺伝子をいかに残すか必死であり、「精子競争」が激しく行なわれています。

メスにとって自分の産んだ子は自分の遺伝子の入った子であることは間違いありません。**しかし、オスにとってはメスの産んだ子が自分の子である確証はなく、動物の世界ではいかに自分の精子を確実にメスの体内に入れるかが重大な問題になっています。**

ギフチョウという蝶《ちょう》や、トカゲの仲間には、オスが精液をメスの体内に入れた後、メスの交尾孔の入り口にセメントみたいな液体を塗りつけて、メスが他のオスと再交尾できなくなるようにしているものがいます。

トンボの中には、オスの性器の先に逆さトゲのようなものがついていて、メスの受精嚢《のう》にある自分と違うオスの精子を掻《か》き出してから自分の精子を入れる種まであります。また、交尾後にオスがメスのそばから離れず、他のオスの求愛を阻止する動物も存在します。

メスも自分自身の子どもを残すためのさまざまな工夫をしています。交尾の相手が良くないと判断すると、交尾を中断して精子が自分自身の体内に入らないように努力するものもいます。

このように動物の世界では一見バカらしく見えても「子孫を残すこと」にあらゆる知恵を注ぎ込んでいるのです。ところが人間は動物とは違っていて、理性を持った高度な生き物であり、子孫を残すためだけの存在ではないと考えられています。

確かに、人間は自分たちがつくった文明社会の中で、野生的な性格を薄めてきました。体力的にも弱い動物となって、仲間と協力し合って生きなければならない生き物となりました。そのため、仲間との人間関係を保つための中枢を発達させたのです。

しかしこの中枢は、原始的な刺激で簡単に機能しなくなるのです。

たとえば男性の目の前に裸の女性が現れると、人間関係より子孫繁栄を優先させるような脳の指令が下ることがわかっています。

米国プリンストン大学の研究グループは、魅力的な女性の裸の写真を男性に見せ、脳機能の変化を調べました。その結果、対象を「モノ」としてとらえる中枢が活性化し、人間関係を円滑に保つ中枢の働きが劇的に低下することがわかったのです。

ふだん私たちの脳は、他人の表情から心の中を読み取り、無意識のうちに自分の言動をコントロールして人間関係を保とうとしています。しかし、魅力的な女性の裸の写真を見たとたんに男性は眠っていた野生的な脳が目覚めて、人間関係よりも力ずくで子孫を残そうという気持ちになるというのです。

たまたま飲み会で目の前に座った女性をいたく気に入って、「付き合っている人がいるから」と言われてもあきらめられなくて迫っている男性の気持ちと同じでしょうか。

賢くて理性的な脳を持つと考えられている人間の行動も、特に男性は、動物のそれと紙一重なのです。

芸術はモテるためにあるのか？

男性が女性にモテる条件といえば、昔は「三高」といわれていました。

つまり、「背が高い」「収入が高い」「学歴が高い」ということです。

私には3人の子どもがいます。長女と次女は、寄生虫や感染症というような変な研究を生業《なりわい》としている私を見て反面教師としたのか、何も言わなくとも堅実に医学の道を志して資格を取り、結婚後も働きながら子どもを育て、家庭を切り盛りしています。

しかし長男については、私にも教育にこだわりがありました。幼い頃から「藤田家の長男として、立派な医者になるべきだ」と口うるさく言い聞かせており、彼はそれにおとなしく従い、一生懸命勉強していました。学内でも優秀な成績で評判の良い子だったので、私も安心していました。

ところがある日突然、彼は反乱を起こしたのです。

「もう親の言いなりになるのは嫌だ。僕の好きな生き方をさせてくれ！」と、部屋に

閉じこもって出てこなくなりました。

私は猛烈に怒り、親子の縁を切るぞと言って脅しましたが、彼の意志は固く、そのときから父子の会話はなくなりました。

その後、長男が音楽大学へ入学願書を出したことを知りましたが、私は相手にすることなく、好き勝手にしろと思って放っていました。

彼は音楽が好きで、小学校のときからクラシックピアノを習っていました。私にはまったくない芸術のセンスを、彼は持ち合わせていたのです。

今になって私もようやく長男の反乱の理由がわかるようになりました。親の希望や期待だけで子どもの人生を決めてはいけませんでした。彼の生き方は彼自身が決めることです。現在は彼のやりたいことに口出しすることなく、遠くから見守ることにしています。

長男は音楽大学の卒業後も、ピアノの先生として活動しています。もちろんそれだけでは生活が苦しいので、他にも臨時職員の仕事をして忙しく働いていますが、収入は少なく安定していません。

例のモテ要素である「三高」について満たしているのは背丈のみで、そうなると「世間の女性が相手にしてくれないのではないか?」と心配になってくるのが親心です。

しかしそれは杞憂《きゆう》にすぎなかったと最近になって気がつきました。私は若い頃からまったく女性にモテなかったのに、長男はなぜかモテるようなのです。

私は、「おかしいな。私は国立大学の医学部卒で、アメリカの大学でも教えて、若くして教授になってと、どう考えてもモテの王道をいっているはずなのに……」と、羨《うらや》ましく長男を眺めました。

何といっても私の息子ですから、お世辞にもハンサムとはいえません。

長男にモテの秘訣《ひけつ》を聞いてみると、ドヤ顔の彼曰く**「芸術は、愛を育《はぐく》むためにある」**と宣《のたま》うので、内心では腹が立ちながらも、早速、生物学の観点から調べることにしました。

「芸術的センス」と「セックス」の関係

そこで動物の芸術的求愛について調べていたところ、オーストラリアにいる極楽鳥に似たニワシドリの記述に目が留まりました。

この鳥は「庭師鳥」という名前のとおり、長さ1メートルにもなる「バワー（bower：あずまや）」と呼ばれるトンネルのような構造物をつくります。

そしてその周りの庭を、拾ってきたコケやガラス片、木の枝や葉、花びら、カタツムリの殻、紙切れ、鳥の羽根など、とにかくいろんなものを使って飾り立てるのですが、その美的センスは個々で異なります。

それぞれの芸術的センスを思う存分発揮したニワシドリは、自作したトンネルの反対側で踊ったりさえずったりして、一生懸命にメスを誘うのです。

その苦労が報われて交尾がかなうと、メスはバワーとはまったく別のところに簡素な繁殖用の巣をつくるということです。バワーはメスへの求愛のためだけにつくられ

る、ニワシドリの最高芸術作品といえるでしょう。

また、**ニワシドリの仲間であるアオアズマヤドリは、青いものが大好きでパワーにたくさん集め飾り立てます。**そのうえ、果物を食べて吐き戻した青い色の液体で、あずまやの壁の内側に色を塗るのです。

進化心理学者であるジェフリー・F・ミラーの著書『恋人選びの心――性淘汰と人間性の進化Ⅱ』（岩波書店）には、「もしも、『美術フォーラム』誌のためにアオアズマヤドリの雄にインタヴューすることができたなら、彼らはこう答えるに違いない」とあります。

*

「色彩とフォルム、それ自体のために色彩とフォルムを操りたい、それで自己表現をしたいというこのどうしようもない衝動を、とても言葉で説明することはできません。色彩の豊かさで飽和した視野を、堂々とした、しかもミニマリストの舞台設定の中に閉じ込めたいという荒れ狂う渇望を、最初に感じ始めたのがいつだったかは覚えていませんが、この情熱に身をゆだねているとき、私は何か自分が、自分を超越したものと結びついているように感じます。

（中略）

雌たちがときどき私のギャラリーを訪れて、私の作品を鑑賞してくれるのはうれしい偶然ではありますが、私が、彼女らとセックスするために作品を作っているのだと言われたら、それは侮辱というものでしょう。私たちは、いまや、フロイト後のポストモダンの時代にいるのですから、芸術的な衝動を説明するのに乱暴な性的メタ物語を使うなんて、もはや誰も聞く耳を持ちません」

アオアズマヤドリがこのインタビューで語っている意味が私にはさっぱり理解できません。私にはやはり芸術的センスがないのでしょうか。

だとすれば私は性淘汰によって生存競争から即脱落です。

人間として生まれて本当に良かったと思います。

＊

性淘汰における勝者と敗者

さて本題です。

芸術的センスと異性にモテることとは、関連性があるのでしょうか。

ロンドン大学ユニバーシティ・カレッジの教授で脳科学者のセミール・ゼキ氏は、著書『芸術と脳科学の対話』（青土社）の中で、こう述べています。

「科学者は、最終的には大脳生理学を通して芸術作品を説明することができるに違いないでしょう。（中略）脳はみずからが受けとる常に変化しつづける情報を通して、対象や表面の本質的で変わることのない特性をとらえようとしているということです。

芸術家の仕事は、実にこの戦略の延長にあるものです」

つまり生物は、はるか昔から現代までの激しい環境変化の中でもずっと変わらずに、対象の本質的な部分をとらえる能力を持っているということです。

これまで述べたように、生命の本質は「子孫を残す」ことです。20世紀の進化学においては「遺伝子を残す」とも言い換えられるかもしれません。この本質を追求するための手段として、芸術は理にかなった一つの表現法となっているのでしょう。

また、心理学者のディーン・キース・サイモントンは、創造的な能力と生産的な活力との間には、強い相関があることを発見しています。

サイモントンのデータによると、**特別に優れた作曲家は、そこそこ優れた作曲家よりも高い率で特別に優れた曲を生み出しているのではなく、単に膨大な数の作品をつくっているだけなのだそうです。**

常に生産性が高いため、良い作品も生まれるということです。

生産性が高く活発な個体ほど、魅力は高まります。

やはり芸術とモテの法則は、切っても切れない関係にありそうです。

私の長男は優れた音楽家とはとても思えませんが、私よりモテているのは確かなので、性淘汰から見れば、悔しいですが、私は敗者で彼は勝者だといえるでしょう。

モテるためなら命も削る

私は以前に書いた本『健康はシモのほうからやってくる』(三五館)にて、「デキる男はパンツが赤い」という持論を展開しました(気になる方はぜひご一読を)。

今回もそれに重ねて、赤色にまつわるオス・メスの摩訶《まか》不思議な世界について述べたいと思います。

私は幼少の頃、三重県の片田舎に住んでいました。自宅ではヤギを2~3頭、ニワトリは30羽以上、ウサギも10羽以上を常に飼育していました。これらは愛玩《あいがん》動物としてではなく、もちろん食用です。ニワトリはおもに卵を採るためと、ときどき肉を食べるために飼っていて、オスが5羽くらい、あとはメスでした。

ニワトリの社会では、順位制のあることが古くから知られています。ニワトリをよく観察していると、メスは強い上位のオスとしか交尾していないようであり、下位のオスが交尾しようとメスに近づくと、メスは一目散に逃げ、続いて上位のオスの強烈な蹴《け》りや突きを受けます。交尾をあきらめた下位のオス鶏は途方に暮れ、後ろ姿は弱々しく哀愁が漂っていました。

ニワトリには「とさか（鶏冠）」と、あごには「肉ぜん」と呼ばれるヒダがあります。皮膚が発達してできた鶏特有の装飾器官で毛細血管の塊です。

このニワトリのとさかなどの大きさや赤い色がどのようにしてつくられるかを研究した人たちがいます。北里大学の武藤顕一郎氏らの研究グループです。

彼らは、オス鶏の男性ホルモンが多いと毛細血管が太くなって血流が増え、とさかや肉ぜんが大きくなったり赤くなったりすることを突き止めました。去勢をすれば当然、とさかと肉ぜんの成長は止まるので、ニワトリの顔が小さく見えます。

また、ニワトリの社会で順位が第1位のオスには「ティドビッティング」と呼ばれる視覚的誇示行動が見られます。首を上下左右に振り、食べ物を拾い上げては落とす動作を繰り返して、何か美味しいものを発見したことをメスに伝えて誘惑しているのです。

オス鶏はティドビッティングをすることで肉ぜんがバチバチと自分の顔や頭に激しくぶつかります。多少滑稽《こっけい》ではありますが、それはあたかも赤い旗を振り回しているようであり目立つので、メスを誘ううえでは有利に働くのです。

男性ホルモンであるテストステロンは、免疫系の働きを弱めるといわれています。とさかや肉ぜんが大きいとテストステロンの分泌量が増えているということで、当然健康上では負担になります。

しかし、とさかや肉ぜんを大きくすることによりメスを惹きつけることができるのであれば、免疫低下のリスクを冒してでもテストステロンを分泌させ、異性にモテたほうが良いのです。

つまり、命を削ってでもモテようと必死になっているオスの姿がここにあります。動物の世界でも、男性が女性を惹きつけることは苦労の連続なのです。

「芸術的センスを持ち、血色の良い肌を持ち、強さを誇示できるオスに、ワタシはなりたい」という哀《かな》しくも切実な願いは人間だけではなく、すべての生物に共通のものなのかもしれません。

男が永遠に女心を理解できないワケ

私は医学生の頃から感染症に興味を持っていたので、大学院生時代は東大の伝染病研究所で勉強していました。伝染病研究所には、医学部の卒業生以外にも、獣医学部の卒業生もたくさんいて、その中の一人に神谷君という友人がいました。

彼はのちに北海道大学獣医学部の教授になりましたが、私も北海道大学や帯広畜産大学との共同研究で、何度か神谷君のところを訪れる機会がありました。訪問の際に、私は必ず学内の厩舎《きゅうしゃ》を見せてもらいました。大型動物の中で特に好きなのが馬だったからです。

馬は美しく、頭の良い動物です。長い脚を踏み出し、たてがみをなびかせて堂々と歩く姿は、優雅な貴公子か貴婦人のふるまいを感じさせます。何日か続けて厩舎を覗《のぞ》いていると私の顔を覚えてくれたのか、近くに寄って来てくれました。

引き手がオス馬を連れてメス馬の前まで行くと、怒って暴れるメス馬がいる一方で、オスに興味を示すメス馬がいます。このように、オス馬とメス馬を引き合わせて発情期を調べることを「試情検査（あて馬）」というそうです。

通常、成熟したメス馬は4月から9月にかけて、約3週間間隔で発情を繰り返して排卵します。メス馬の態度は、この発情期（排卵時期）に入っているかどうかで違います。オス馬に興奮し、その反応で尾を上げたり、排尿姿勢をとったりすれば発情期、逆に激しく壁を蹴り上げて怒ったりすれば非発情期というわけです。

ヒトの女性になると発情期というものはなくなりますが、ホルモンによっていろいろと気分が変化するのは明らかです。よって、時期によって女性の心や身体に変化が出るということを、男性も理解しなければならないということです。

ヒトの女性は月経周期の約28日の間に、「月経期」「卵胞期」「排卵期」「黄体期」という4つの時期を過ごします。エストロゲン（卵胞ホルモン）とプロゲステロン（黄体ホルモン）という2つの女性ホルモン分泌量の増減により、この4つの時期がつくられます。

◎月経期……疲れやすく落ち込みがちでやる気が出ない
◎卵胞期……身体も好調で明るくて前向き
◎排卵期……気分が落ち着いているが体調は少し下降気味
◎黄体期……むくみや便秘がちで気持ちも不安定になる

このように女性ホルモンの分泌量で心も身体も変化します。

対して、男性ホルモンであるテストステロンはほぼ一定の量を保って分泌されているので、女性のように周期で気分や体調が左右されませんから、男性は女性の大変さを理解するのが難しいのです。

女性ホルモンにまつわる驚きの研究

これらのことに関しては世の関心もだいぶ高いようで、数多くの研究があります。

たとえば、カリフォルニア大学ロサンゼルス校の心理学准教授マーティ・ヘンゼルトン氏によると、女性が排卵期に近づくと人間関係に影響し、自分のファッションに気を使う傾向になるとのことです。

女性は受胎能力が高まると声が高くなり、自分の外見に気を使ってより女性らしく喋《しゃべ》り、排卵期になるとパートナーの男性に対して、ふだんより嫉妬《しっと》深くなるというのです。

また、オーストラリアのニューサウスウェールズ大学の心理学者ハロルド・スタニスロウ氏は、女性1066名の月経周期、2万2635サイクルをリサーチし、基礎体温の変化と性的欲求の度合いのデータを採取しました。

その結果、女性は生理を終えてから12～14日目、つまり排卵前の3日間にもっとも

性的欲求が高まることが判明しています。

他にも、ニューメキシコ大学の研究者らによる論文には、ストリッパーの女性は排卵期には多額のチップをもらうが、排卵期以外の日はそれ以下のチップになり、もっとも妊娠しない月経期にはさらにチップが少なくなる傾向にあるということです。

この研究は、2008年のイグ・ノーベル経済学賞を受賞しています。

そして、米マイアミ大学のデブラ・リーベルマン教授らの研究チームは、妊娠が可能な年齢の女性48人を対象に、携帯電話の通話記録を調べ、課金期間中の父親または母親との通話の日にちと長さを記録しました。

その結果、排卵期の女性が父親に電話する回数と長さは通常より減り、父親からかかってきた電話についても早めに切る傾向があることがわかりました。全体的に、排卵期の女性が父親に電話する回数と長さは、生理期の約半分だったということです。一方、母親に対しての電話は、減るどころか増える傾向にあることがわかっています。

研究チームは、女性には生来、近親交配により不健康な子どもが産まれるリスクを防ぐメカニズムが備わっているためと結論づけています。

これらの結果が示すように、女性ホルモンが女性の行動や心理を大きく左右していることは否めないのです。つまり男性がこのことについて深く理解すれば、女性との関係を良好に保ったり、モテる確率も高くなったりするのではないか、ということです。

私も医学生時代に、ぼけっと厩舎で馬を眺めているだけでなくメス馬の様子からそのことに早く気づき、女性との関係に応用することができていれば、もっと華やかな青春時代を謳歌《おうか》できたのではないか、と悔やむばかりなのです。

成功者はみな「低テストステロン体質」

女性が男性を受け入れるかどうかは、周期的に分泌される性ホルモン量が大きく影響していることがわかりました。

ホルモン分泌量の変化が激しい女性に比べて、男性のテストステロン分泌量はほぼ一定と述べましたが、男性でも年齢や生活習慣などの環境による分泌増減と質の変化は起こっているのです。

テストステロンは、男性はおもに睾丸《こうがん》から分泌されており、男性性器の発育と機能の維持がおもな作用です。性器の成熟、体毛・恥毛・ひげの発生、変声、夢精、性欲の高まり、筋肉・骨格の成長など、思春期に表れる男性らしさ（二次性徴）は、この時期に血中のテストステロンが急激に増えることによって起こります。このように、テストステロンによって男性的な特徴が強く表れるということです。

またテストステロンは、「空間認知力を高める」「集中力を高める」「勇敢になる」「行動的になる」など、乗り物の運転や冒険、研究の達成などに欠かせない能力を男性に与えるというプラス作用があります。

しかしその一方で、暴力や衝動性、論理的思考力の低下、言語能力の低下、集中力が高すぎることによる細部の見落とし、他人に対する共感の欠如などのマイナス面を生み出すともいいます。**女性から見て「男は残念」に思えるのは、どうやらこのテストステロンの作用によるところが大きいようなのです。**

では、テストステロンはどのくらいの分泌があれば適正なのでしょうか。

ジョージア州立大学心理学部教授であるジェイムズ・M・ダブス氏のデータによると、テストステロンレベルが男性としては低めであるほうが、集中力、リーダーシップともに適正であると述べています。**いわゆる「社会的成功者」のほとんどは「低テストステロンな男性」だというのです。ジェイムズ氏は、テストステロンの値が低い＝適正な男性こそが、一般的にいう「男らしい」男性であると言っています。**

つまり、テストステロンの分泌量が多ければ男らしいというものではないようです。

そういえば、ある大学の准教授をしている私の知人の男性に、どう見てもテストステロン値が低いのではないかと思わせるような人がいます。

彼は背も小さくて弱々しい外見にともなって、性格も穏やかで静かなのですが、常に冷静でリーダーシップ力に長《た》けて人情が厚く、男女問わずに好かれるタイプです。地道にコツコツと仕事をこなし、学生や大学からの信頼も多く得られています。

彼には何年か連れ添った妻と子どもがいましたが、お互いの気持ちに溝ができて離婚を決めました。しかし最近、以前に教え子であった20歳も年下のおとなしそうな女性と再婚したので、私は「若いお嫁さんで羨ましいね」と、彼の顔を見るたびにからかっていました。

その彼がある日突然、私に秘密を打ち明けました。

「実は今、妻の他にも好きな女性がいるのです」と。

彼曰く、「今の妻とは勢いで結婚してしまったのです。今を逃したらもう後はないと思っていたけれど、女性との出会いって意外とあるものですね」と鼻の下を伸ばしてノロケています。

新婚早々穏やかではないなと思いましたが、私はその新しい彼女がどんな人か興味津々でしたし、低テストステロン分泌がモテるという証明になるかもしれないと思い、身を乗り出すようにして彼の話を聞きました。

男がハイヒールに惹かれる生物学的理由

どうもその彼女は、私が想像していたのとは違う人物像のようです。彼のほうは外見も中身も地味ですが、彼女は活発で少し派手好きな女性らしく、ふだんからスーツでビシッと決め、10センチのハイヒールを履きこなして颯爽《さっそう》と活動しています。彼に対しても臆《おく》することなく意見を言う、そんな魅力的な姿に彼は一目惚《ひとめぼ》れしたそうです。また、彼女は彼と付き合うと同時に自分でマンションを購入して「私は男に依存したいわけじゃないの」と言い放ったのだそうです。彼は自分が新婚だということも忘れて強気の彼女にメロメロになり、浮気の妄想もやたらに激しいのです。

それを聞いて私は半ば呆《あき》れかえりましたが、新しい彼女と若奥さんとの違いがすぐに理解できました。彼は、地味な若奥さんにはない魅力を彼女に見いだしていました。

そのカギは「ハイヒール」です。

女性がハイヒールを履いた姿は、「ロードシス」と呼ばれる体位に似ているのです。

ロードシスといわれる体位は、ラットや犬、猫などの哺乳《ほにゅう》動物で発情期のメスによく観察される姿であり、メスがお尻を後ろに突き出すようにしながら、下部脊椎《かぶせきつい》を弓なりにそらします。

このロードシス体位は、実は人間の男女間でも重要な意味を持つと主張している学者もいます。

カナダにあるコンコーディア大学のガド・サアド氏は**「女性のお尻が持ち上がった姿勢は男性の目には魅力的に映る。これは、哺乳類のメスが性行為を受け入れる際の、ロードシスと呼ばれる姿勢に似ているからだ」**と述べています。

女性のハイヒールを履いた姿は、まさにこの「ロードシス」体位と同じような感じで、高いヒールによりお尻が突き出て、腰がアーチ状になります。だからハイヒールを履いた女性はセクシーに見えるし、履いている本人もセクシーな気分になるのです。

かなり古い話になりますが、マリリン・モンロー主演の『七年目の浮気』という映画の中の有名なシーンに、**モンローが地下鉄の通気口の上で風に煽《あお》られてまくれ上がったドレスを手で押さえ、お尻を後方に突き出した姿がありました。これこそまさしく「ロードシス」体位であり、世の男性が夢中になるのも仕方ない、**とつくづく思います。

知人の話は〝七年目の浮気〟どころか、犬も食わない大騒動になりそうです。世の女性の方々が、男というものはハイヒールくらいで浮気妄想が大いに膨らむ残念な生き物と考えてしまうのもやむをえないのかもしれません。

変顔だからこそモテることもある

私は三重県の田舎で幼少期を過ごしましたが、周りには小さいものは昆虫から、大きなものでは牛や馬などが常にいて、多くの生き物と一緒に過ごしてきました。

私の住んでいた明星村《みょうじょうむら》（現・明和町）の村人の多くは、当時農家を営んでおり、牛や馬は重要な農業の担い手でもありました。

いつも近くに牛や馬がいたせいか、幼い私はそれらを怖がることがありませんでしたし、動物のほうも私に対して攻撃することもなく、仲良く過ごしていた記憶があります。

ある日、私が近くの農家へいつものように遊びに出かけたとき、馬がおしっこをするのを偶然目にしました。すると不思議なことに、隣にいた馬がとても変な顔をしたのです。

唇を上に大きくまくり上げ、まるで笑っているような顔でした。あたかも「あらら、お隣さんおしっこ出したのね！」とでも言っているかのようだったので、馬にも人間のように心があるのかな、と思ったものです。

医学を勉強するうちにわかったのですが、これは**「フレーメン反応」**といって、**フェロモンと呼ばれる物質を取り入れる姿**だったのです。

ヒトや一部のサルを除く視覚の発達していない動物においては、匂《にお》いやフェロモンを用いたケミカルコミュニケーションが情報伝達の重要な手段です。フェロモンとは〝ある個体から分泌され、同種の他個体に受容されると、受容した個体に特定の行動や内分泌変化をひき起こす物質〟と定義されています。

例を挙げると、メスのカイコガから発せられるボンビコールというフェロモンはオスを誘引する効果を持ちます。また、オスのブタの唾液《だえき》に含まれるアンドロステノンというフェロモンは発情状態のメスに対して交尾姿勢をひき起こさせます。

また、先に述べた「ロードシス」体位は、東京大学大学院の東原和成教授の研究グループがマウスを使った実験で、オスが出すフェロモンにより誘発されるということを発表しています。

つまり、フェロモンは受容する個体の行動または内分泌系の変化を誘導するという、生物個体間の情報伝達を担っているものだと考えられています。

４０００人斬りミック・ジャガーが生涯モテモテなワケ

フレーメン反応は馬の他にもさまざまな哺乳類に見られます。変な顔をしているように見えるのは、フェロモン受容を行なう嗅覚《きゅうかく》器官である「ヤコブソン器官」と呼ばれる鋤鼻器《じょびき》を空気にさらし、より多くの臭《にお》い物質を取り入れるようにしているからです。

ヒトではこの鋤鼻器が退化してしまっているので、フェロモンによる情報伝達はできないと考えられています。しかし、身体の機能は退化していても、その名残を垣間《かいま》見《み》ることができます。

それは、**ヒトもフレーメン反応をしている表情はセクシーに見える**ということです。

「セクシー？　あれは変顔でしょう。うちで飼っている猫も、夫の靴下の臭いを嗅《か》いで変な顔をしますよ」と言いたい人もいるかと思いますが、まあ続きをお聞きください。

たとえば、私の青春時代に一世を風靡したエルヴィス・プレスリー。エルヴィスは歌唱力だけでなく、セックスアピールで大スターとなりました。彼が厚い唇をゆがめ、腰を振りながら低い声で歌う姿は、当時の若い女性たちの心を独り占めしていました。彼を見て失神する女性もいたほどです。

もう一人は、70歳を超えてもなお現役のロック歌手。

ローリング・ストーンズのミック・ジャガー。

彼のタラコ唇はローリング・ストーンズのロゴマークに使われるほど有名です。

2013年に彼の伝記『ミック・ジャガー ワイルド・ライフ』（ヤマハミュージックメディア）が発売された際、美術家の横尾忠則さんは朝日新聞に寄せた書評で、彼の性的魅力を絶妙にこう語っています。

「バイセクシュアルなミックは手をひらひらさせながら卑猥《ひわい》なモンローウォークで聴衆をSEXショーに導き、自らは性の伝道者に変身。彼と悦楽を共にした足の長い美女たちに彼をカサノヴァともドンファンとも言わしめたが、そのSEXライフは性別・人種を問わない超人的性豪の域に達しており、子供もいながら結婚の形態は完全無視。本書の活字はほぼ全編、SEX労働者絶倫男ミックの女性遍歴で埋め尽くされている。

（中略）

彼がステージで尻《ケツ》を振り振り、大きい口唇を突き出して吐き出すように歌う時、聴

衆は彼の享楽主義の魔法にまんまと掛かり、性の共犯者にさせられてしまうのである」

ただ、異性のフェロモンを取り入れる表情であるフレーメン反応と変顔の境界線は私にもよくわからず、だれもが性的魅力のある表情になってモテるとは言い難いのが悩ましいところです。

でもいつかは、鏡の前で唇をまくり上げたり、ゆがめたりする練習の流行する日が来るのではないかと、私は密かに考えているのです。

強い子を産むためにイイ男は欠かせない

世界では多くの生物が消滅の危機にあります。

北アフリカなどに生息しているフサエリショウノガンと呼ばれる鳥も、鷹狩《たかが》りや密猟により絶滅危惧種《ぜつめつきぐしゅ》に指定されています。鳥類の繁殖プログラムに関わる研究者は何とかして繁殖率を上げようと、日々努力を重ねています。

その中で、フランス国立科学研究センター生態学研究所のアデリーヌ・ロヨー氏と、モロッコのアラブ首長国連邦野生生物繁殖センター、フレデリック・ラクロワ氏が率いる研究チームの調査では、面白い実験結果を発表しています。

オスのフサエリショウノガンはメスに求愛するとき、のけぞるようにして首の白い羽根を見せながら円を描いて走る誇示行動をとります。健康的、つまりメスにとって魅力的なオスほど、長く走り続けられ休む時間も少ないとされています。

実験は、90羽のフサエリショウノガンのメスに他の鳥を見せた後に人工授精させるもので、すべてのメスの中から、30羽には健康なオスの誇示行動を、30羽には健康状態の悪いオスの誇示行動を、残りの30羽には誇示行動をしないメスをそれぞれ見せました。

すると、**健康なオスのダンスを見たメスが産んだ卵には、不健康で魅力のないダンスをするオスやメスを見て産まれた卵よりも、成長に関するホルモンであるテストステロンの量が2倍も含まれていることがわかりました。**

さらに、オスのダンスに刺激を受けたメスの卵のほうが、他の2グループのものより雛《ひな》が生まれる（孵化《ふか》する）数が多かったのです。

同フランス国立科学研究センターの生物学者ディルク・シュメラー氏は、「繁殖センターでは多くの場合、メスとオスは別々に飼育されていて互いを見ることはできないが、このことから互いを見ることでヒナの体質が向上する可能性がある。そのようなヒナが野生に戻されれば、従来の方法で繁殖したヒナに比べ、生き延びる可能性は格段に高くなるはずだ」と述べています。

つまり、フサエリショウノガンのメスは、魅力的なオスの存在があることで、良い卵を産むことができたということです。「オスって残念よね」と見下しているメスたちにとっても、魅力的なオスの存在は必要不可欠だといえるのではないでしょうか。

モテ男の末路——モテることはトクなのか、ソンなのか？

同じくフサエリショウノガンにはもう一つ面白い研究報告がなされています。

手の込んだ求愛の誇示行動に時間を費やすオスほど、そうでないオスに比べて、精子の質が低下するなどの老化現象が早く表れるという結果が出ているのです。

フサエリショウノガンのオスはメスの気を引くために、一年のうち最大半年間も誇示行動を長時間続けます。走る周回が多く、休む回数や時間の少ないオスほど健康で魅力的であり、メスに選ばれる可能性が高いことは前に述べました。

フランス、ブルゴーニュ大学の進化生物学者であるガブリエル・ソルシ氏らは、モロッコの人工繁殖施設にいる1700羽あまりのフサエリショウノガンのオスを、10年間にわたって観察しました。

研究チームはオスが誇示行動を見せた日数と、時間の長さを計算して、オス各個体の生涯における一年ごとの「性的誇示活動」の度合いを示す指標をつくりました。そして、オスには毎日ダミーのメスと交尾させ精液を採取し、精子数や精子の運動率などを調べました。

その結果、若いときに誇示行動をさかんに行なっていたオスほど、年をとると精液の量が減り、死んだ精子や異常な精子が増えていることが明らかになりました。また、若いときに誇示行動のさかんなオスほど、年をとっても求愛ショーをやめないということです。

同ブルゴーニュ大学のブライアン・プレストン氏は、「週末にバーやナイトクラブで目立ちたがる男性の鳥バージョンかもしれない」と述べています。

メスへのアピールに命を削り、結果的に枯れ果てていく。さらに枯れ果てながらも求愛活動をやめない……。

私はフサエリショウノガンについてのこの研究を知って、男とは残念であることを宿命づけられた生き物かもしれないと思いました。

「自分を棚上げする男」と「客観的でしたたかな女」

さて、ここまで動物・昆虫における男女の滑稽な駆け引きを中心に見てきました。

最後に、**人間の「パートナーの選び方」**をご紹介しておきましょう。

米国デューク大学の行動経済学者であるダン・アリエリー教授は、「人は容姿のハンデにどう対処するか？」について実験を行ないました。

舞台は、日本だと「お見合い合コン」「カップリングパーティ」などの名前がついている「スピードデート」なるパーティです。

アリエリー教授は、スピードデートのイベント前に参加者からアンケートをとり、デート相手を探すとき、「容姿」「知性」「ユーモアのセンス」「思いやり」「自信」「社交性」といった基準のどれを重視するかを答えてもらいました。

また、スピードデートでの相手との会話後、実験協力者には、今会った相手について、先ほどと同じ特徴（容姿、知性、ユーモアのセンス、思いやり、自信、社交性）を評価してもらいました。そして、その相手ともう一度会ってみたいかという質問にも答えてもらいました。

これらのアンケートからは、実験協力者が一般にどんな特質を恋人に求めるか、実験協力者がデートした相手の特質をどう評価したか、そして相手と近いうちに本物のデートをしたいと思ったかどうかを知ることができます。

結果、このアンケートでわかったことは、人が恋人に求める特質としては、「魅力的な人は外見へのこだわりが強く、魅力に乏しい人は外見以外の特徴（知性、ユーモアのセンス、思いやり、自信、社交性）を重視する」ということでした。

次に、実験協力者がデートした相手の特質をどう評価したか、そしてこの評価が、相手と本物のデートをしたいという願望に結びついたかを分析すると、ここでも同じパターンが認められました。容姿に恵まれない人は、ユーモアのセンスなど、外見以外で良さのある相手をもう一度会いたい相手として選ぶことがずっと多かったのです。外見の魅力に乏しい人たちは、外見以外の特質を重視するということが証明されたということです。

アリエリー教授は他にも、他人や自分が写った写真を投稿して評価されたり、写真の相手を気に入ったらメッセージを送ったりすることのできる「ホット・オア・ノット」というウェブサイトを使い、魅力に対する考え方の男女差について調査をしました。

調査の結果、「男性はデートの相手に関して、女性ほど選り好みしない」ことが証明されました。サイト内において、男性が女性を誘う確率は、女性が男性を誘う確率の2・4倍あったのです。

また、「男性は女性より、相手の外見にこだわる」つまり**「男性は女性より、自分の魅力度を気にしない」**ことも裏づけられました。おまけに男性は女性よりずっと楽観的で、彼らは「お目当て」の女性の魅力をじっくりチェックし、「高嶺《たかね》の花」、自分よりも数ランク上の相手に狙いを定めることが、女性に比べてずっと多かったというのです。

女性は自分を客観的に見て魅力度を分析し、自分よりも相手の外見が劣るなら、中身など別の魅力で納得するというしたたかさを備えているということです。

一方で男性は、とにかく数撃ちゃ当たるだろう、自身の外見はどうであれ、せっかくだから美人に狙いを定めよう、というように、自分の魅力のことは棚上げしておきながら非常に貪欲《どんよく》だということです。

さて、ここまで見てきて、メスは冷酷なまでの合理性を持ち、オスはマヌケなまでの必死さを持っていることがわかりました。

どちらも命をつなぐことに知恵を絞り、さまざまな駆け引きを行なっていました。しかし、男の私が贔屓目《ひいきめ》に見ても、駆け引きにおいてはメスが一枚上手で、オスに勝ち目はないようです。

「男は残念」というのは生物の世界では動かしがたい事実なのかもしれません。

そして、「冷徹な女」と「残念な男」は互いに駆け引きをしながら生命をつないできました。その過程で、人類の多くは一夫一妻制を選択し、その他の動物の多くは一夫多妻もしくは乱婚という形式を選びました。

次章では、人類と動物たちの〝選択〟がなぜ違い、その結果どうなっているのか、そしてどっちが正しいのか、を論じていくことにしましょう。

第2章 人類が選択した「一夫一妻制」の臨界点

「一夫一妻制」が人間を生んだ？

それにしてもなぜ、私たち人類は一夫一妻の制度を長い間続けてきたのでしょうか。これにはきっと深いわけがあるに違いありません。

一夫一妻を続けることが私たちの祖先の進化戦略上、最良の選択だったのではないかと私は考えています。

哺乳類では一夫一妻制をめったにとらず、一夫一妻は哺乳類全体のたった3～5％にすぎません。他は一夫多妻の関係が主になっています。

これに対し、人類社会では、大多数は一夫一妻を生涯維持するという前提の上に成り立っています。もちろん人類も厳格な一夫一妻ではありません。不倫や離婚もありますし、重婚は世界のほとんどの社会で見られます。また、一夫多妻を認める国も一部にはあります。

しかし、それを実践している人は少数派です。カナダのモントリオール大学のバーナード・シャペ博士は、**「一夫一妻制をとるように選択したことが種の繁栄を促進し、人類というもっとも進化した動物が出現するようになった原因でしょう」**と述べています。

米国オハイオ州立ケント大学の古人類学者オーウェン・ラブジョイ博士は、700万年前より以前に大型類人猿と人類が最後の共通祖先から分かれた直後に、私たちの祖先に以下の3つの革新的な行動の変化が起こったと述べています。

①二足歩行によって解放された腕で食物を運ぶようになったこと
②一夫一妻のペアボンドを採用することになったこと
③メスの排卵を知らせる外部シグナルが見られなくなったこと

これらの革新的な事項が同時に進行したため、チンパンジーから初めてヒト属である「ホミニン」が生まれ、このホミニンは類人猿よりはるかに繁殖が盛んになったというのです。

一夫多妻から一夫一妻のペアボンドに変わったのは、ホミニンの下位のオスがオス同士の戦いをしなくなり、交尾の誘因としてメスに与える食物探しにエネルギーを注げるようになったことが原因だというのです。

メスは喧嘩《けんか》に強いオスよりも、食物調達の上手なオスを求めてつがいになり、やがてメスは外陰部の腫《は》れといった性的受容性のサインも出さなくてよくなったということです。

外陰部の腫れなど発情のサインが外から見えてしまうと、パートナーが食物集めに出かけている間に別のオスを惹きつけてしまうおそれがあるからでしょう。

霊長類のオスとメスの身体の大きさを比べてみると、面白いことがわかってきます。オスがメスに比べて身体が大きいほど、オス同士がメスをめぐって争う度合いが強くなっていくのです。一夫多妻制をとるゴリラでは、オスは成長すると体重がメスの2倍以上になります。

一方で、一夫一妻のテナガザルは、オスとメスの身体の大きさはほぼ同じです。人間の場合はテナガザルに近く、男性の身体は女性よりもせいぜい20％ぐらい大きいだけです。

オスにとって、多くのパートナーと性的関係を維持し続けるのは楽ではなかったのです。一夫多妻の苦労を減らすために、私たちの祖先は一夫一妻の配偶システムをつくり上げたというのが真相のように私は思います。

人類はなぜ一夫一妻の道を選んだのか？

この一夫一妻の起源については有力な仮説が3つあります。

①「メスのまばらな分布」説
②「子殺し回避」説
③「父親による子どもの世話」説

「メスのまばらな分布」説は、メスが限られた食物資源をより多く手に入れるために、より大きななわばりが必要になったことが原因で、一夫一妻が始まったという説です。

メス同士が互いに離れた状態にいると、オスは多数のパートナーを見つけて関係を維持し続けることが難しくなります。オスは単独のパートナーと落ち着くほうが楽に暮らすことができるということで、一夫一妻が始まったという説です。

この説を裏付ける研究が、英国ケンブリッジ大学のディーター・ルーカス博士とティム・クラットン・ブロック博士らによって報告されています。彼らは2545種の哺乳類を統計的に解析しました。そして哺乳類は最初のうちは一夫多妻で別々に行動していたものが、進化の歴史の中で61の異なる時期に一夫一妻に移行したことを報告しました。

彼らの研究によって、一夫一妻は肉食動物と霊長類にもっとも多く見られることがわかりました。そして、メスがタンパク質の豊富な肉や熟した果実など、栄養豊富で見つかりにくい食物を要求する種では、さらに一夫一妻制をとる傾向が強くなることがわかったのです。

こうした食物は広い領域を探し回らなければ入手できません。

つまり、**広い領域を自分のテリトリーにしてしまうと、メスが餌《えさ》を探しにくくなり、メスもまばらになって、結局一夫一妻になったという説です。**

自分の子どもが殺されないための秘策

2番目の**「子殺し回避」説**は、「メスのまばらな分布」説より説得性のある学説ではないかと私は思っています。

この説は、暴力的な脅威から子どもの命を守るために一夫一妻が始まったというものです。あるメスの集団内において上位のオスが入れ替わった場合には、上位になったオスは自分と血縁のない子どもを殺すようになります。子どもを殺された母親は、授乳をやめて再び排卵を始め、上位のオスの子どもを産むようになるからです。

霊長類は子殺しが起きるリスクが高いことで知られています。霊長類の脳は大きいために、子どもの成長には時間がかかります。長い間だれかに世話してもらわないと困るのです。実はこの期間に子殺しが頻発します。子殺しは50種以上の霊長類に観察されていて、その大部分は離乳していない子どもが犠牲になっています。

メスは自分の子どもを新たに侵入してきたオスに殺されたくないので、一夫一妻になったという説です。

イクメンが一夫一妻制を生んだ説

一夫一妻の起源に関する3番目の仮説は、**「父親による子どもの世話」説**です。子どものために食糧を得たり、子どもの世話をしたりすることが母親だけでは無理な状況になった場合、父親がそれを助ける必要が出てきます。

ノートルダム大学の人類学者リー・ゲットラー博士は、父親が子どもを抱いて運ぶだけでも一夫一妻が促進されると述べています。父親が子どもを抱くだけで母親は自由に食物を探すことができ、母親も栄養状態が良くなって家族全体が健やかに過ごせるからです。

南米のヨザルは、オスとメスの夫婦に1匹の赤ちゃんと1、2匹の子どもという小家族で暮らしています。母親は出産直後には赤ちゃんを自分の太ももに乗せて運んでいます。

しかし生後2週間になると、ほとんど父親が赤ちゃんを運び、毛づくろいや遊び、給餌《きゅうじ》の大部分を引き受けています。

ペンシルバニア大学のフェルナンデス・ドゥケ博士は複数のヨザルの群れのＤＮＡを調べ、遺伝的にほとんどのヨザルが一夫一妻の関係を持っていることを突き止めました。ヨザルの夫婦関係は平均7年間も続き、同じパートナーと暮らすカップルのほうが繁殖成功率は高いことがわかっています。

このように、世界中の学者が人間の一夫一妻の謎に取り組んでさまざまな学説を出していますが、本当の理由はまだわかっていません。

しかし、これらのことから気づかされるのは、私たちがつくり上げてきた現代社会では、一夫一妻制が行き止まりに差し掛かっているという現実なのです。

結婚制度でがんじがらめになった現代人

「なぜ人類は一夫一妻の形態をとるようになったのか」の答えとして、私はこれら3つの説の中では「父親による子どもの世話」説が、もっとも有力ではないかと考えています。

人間は生まれてから成熟するまでに約1300万キロカロリーを消費するといわれています。家族の食糧を得るためには、母親だけの努力では間に合いません。

もちろんパートナーとなった父親の助けも必要となります。

人間は脳を異常に発達させたおかげで、余計多くのカロリーをとらなくてはならなくなり、父親の助けだけでは足りなくなりました。

そこで母親は子どもに食物を与え、子どもの世話を助けてくれる人たちを自分の親族や他の親しい人の中から探し出し、頼るようになったのです。

カリフォルニア大学デービス校のサラ・ブラファー・ハーディ博士は**「人間は出産**

直後から自分の赤ちゃんを他人に喜んで抱かせる珍しい生物で、類人猿とは明らかに違うところだ」と述べています。

実際、類人猿では親以外が子育てに関わることはないのです。親以外が子育てに関わる「共同繁殖」の社会システムは約２００万年前に初めて出現し、私たちの古い祖先のホモ・エレクトス時代に近代化した、とハーディ博士は主張しています。

ホモ・エレクトスはホミニンより進化したものですが、人類となったホモ・エレクトスはホミニンより脳も身体も急に大きくなりました。身体を動かすのに必要な代謝エネルギーが40％も増えたのです。そのエネルギーの大部分は、巨大化した脳に使われました。

人類に移行する過程を過ごしているうちに、ホモ・エレクトスの子どもは親に依存する期間が長くなってしまいました。その結果、子どもを育てるのに必要な労力をまかなうため、父の力ばかりでなく、親族や他の親しい人の助けを必要とするようになったのです。

つまり化石人類や近縁種が絶滅していく中で、「一族みんなで育てること」が、私

たち人類が首尾よく生き残るための方法だったのだ、とハーディー博士は述べています。

確かに、一夫一妻のカップル、そして一族の協力があってこそ、人類は環境変化や過酷な時代を生き延びてきたといえるでしょう。

しかし、文明と文化を極端なまでに追求し、その恩恵にどっぷり浸かるようになった近代人にとって、一夫一妻のカップルや、一族の協力などはもう必要がなくなってきたのかもしれません。

便利な社会をつくったおかげで、母親は子育てに労力をあまり使わないで済むようになりました。父親や一族の協力がなくても子どもを育てることができるようになってきています。

私たちがつくった近代国家では、やたらに複雑な社会制度をつくり、結婚も形式的になり、窮屈なものになってきたのです。周辺の情報が簡単に耳に入るようになると、結婚した相手にお互いが不満を持つようになってきたこともあります。

われわれ現代人が今のスタイルのまま一夫一妻を生涯続けていくことには無理が生

じてくるようになりました。私はそれが離婚の増加につながり、結果的に少子化の道を歩まなければならなくなったと思っています。

このへんで、「一夫一妻制度が全面的に良し」という考えを改め、もっと自由で、新しい結婚の形を社会で認めるようにしないと、私たちはやがて滅びることになるだろう、と私は本気で考えています。

少子化問題の解決策を動物たちに訊いてみよう

日本は今、少子化社会へと向かっています。

日本の年間の出生数は、第一次ベビーブーム期には約270万人、第二次ベビーブーム期には約210万人でしたが、1984（昭和59）年には150万人を割り込み、1991（平成3）年以降は減少傾向が続いています。

総務省統計局の資料によると、日本の総人口は2010年の1億2806万人から減少が続いており、2030年の1億1662万人を経て、2048年には1億人を割って9913万人となり、2050年には9500～9700万人になると予測されています。

しかし、世界人口推移の予測を見ると、2010年の69億1600万人から、2030年には84億2500万人、2050年には95億5100万人と、日本の人口減少とは反対に大きく増え続けていく傾向にあります。

このように人口推移を見ても、日本がいかに高齢化と少子化の問題に直面しているかがわかります。

また、都市への一極集中化で、人口減少の影響は地方に多く見られ、里地里山の管理の担い手不足による環境保全上の問題や、高齢化による限界集落の問題も浮上しています。

日本の少子化の背景はおもに社会環境にあるといわれ、結婚に対する意識の変化、子育てにかかるコストの増加、高学歴推奨の社会、仕事と子育ての両立に対する負担増などが挙げられています。

これから生まれてくる子どもたちにも、さまざまな負担が重くのしかかります。地域における子どもの減少により、子ども同士で切磋琢磨《せっさたくま》し、社会性を育てながら成長していく機会が減少していきます。少子化とそれにともなう高齢化は、地域活動を支える力をなくし、地域文化の継承が困難になってきました。

経済への影響も大きいでしょう。生産年齢人口が減少することで労働力が供給できなくなったり、消費者人口の減少により商品が売れなくなったりします。さらに深刻なのは、現役世代の人口の減少と所得の減少により、税収も減少して行政による公共サービスが不可能になってしまうことです。

また一方では、高齢化が進んで、年金、医療、介護などの社会保障制度の急激な増大が起こり、さらに現役世代の負担が増えることになります。

これらの予測を見ていると、日本の将来像は非常に不安定で危機状態です。

そうならないためには、何か秘策があるのでしょうか。

そこでまた、動物たちに訊いてみることにしましょう。

私たちがより良く生きられるようなヒントが隠されているかもしれません。

「おしどり夫婦」は全然「おしどり」じゃなかった

仲睦まじい夫婦のことを、雄雌が「つがい」になって離れないことから**「おしどり夫婦」**と呼びます。おしどりは漢字で「鴛鴦《えんおう》」と書き、鴛がオス、鴦がメスで、それぞれの鳴き方を表しているといわれています。

中国の故事には「鴛鴦の契《ちぎ》り」というものがあります。

春秋時代、宋《そう》の暴君・康王《こうおう》は、家臣の韓憑《かんぴょう》の妻・何氏《かし》に目をつけて側室にしましたが、韓憑と何氏は「あの世で一緒になろう」と自殺してしまいました。怒った康王は、二人の亡骸《なきがら》を別々の塚に葬りましたが、両方の塚から見る間に梓の木が生えて枝と枝が結びつきます。そこに雌雄の鴛鴦が巣をつくり、二羽は寄り添いながら一日中鳴き続けた、という美しい逸話から生まれた言葉です。

結婚式のスピーチでも、本心かどうかはともかく「二人はおしどり夫婦になること間違いなしです!」などの美辞麗句をよく耳にします。

ところが、実は本当のおしどりは違います。

おしどりが「おしどり夫婦」なのはメスが卵を産むまでであり、産卵が始まるとオスはどこかへ行ってしまいます。そして他のメスに求愛したりもするのです。そもそも、おしどりが一緒にいるのはメスが浮気をしないように見張るためであり、メスへの深い愛情からではないのです。

オスは嫉妬深くて浮気性、メスは生まれた子どもに夢中でオスなどに構わず、お互い目的が達成できれば、執着なくあっさり別れる晴れ晴れとした短い関係なのが、本当のおしどり夫婦なのです。

だからといって、もしあなたがだれかの結婚式のスピーチでこの言葉を聞いたとしても、決して「おしどりが仲睦まじいのは子どもが生まれるまで」なんて正論の知識をひけらかしてはいけません。

「もし将来何かがあっても、おしどりのように執着のない関係でありますように」と、心の中でそっと祈ってあげましょう。

コウノトリの三角関係

コウノトリは、特別天然記念物に指定されている鳥です。かつては日本でも多く繁殖していた鳥でしたが、乱獲と生息環境の悪化により、日本での絶滅が1971年に確認されました。

県鳥がコウノトリである兵庫県では、日本最後の生息地となった但馬《たじま》地域の豊岡市において、環境整備や人工飼育により育てたコウノトリを放鳥するなどして、現在も保護や繁殖の努力を続けています。

さてコウノトリといえば、多くの人が**「コウノトリが赤ちゃんを運んでくる」**という話をご存じかと思います。これは子どもが、「赤ちゃんはどこから来るの?」という素朴な疑問を投げかけてきたとき、硬直した両親や先生が苦し紛れに返す、国民的お約束の答えでもあります。

ちなみに、多少ニュアンスが違うものに**「あんたは橋の下から拾ってきたんだよ」**

というものもありますが、私は子どものときに母親にこう言われて真剣に悩んだので、この回答はやめておくのが賢明です。

この「コウノトリが赤ちゃんを運んでくる」という話の由来は、ドイツの言い伝えにあるようです。

子どもに恵まれなかったある夫婦が、自宅の煙突の上につくられたコウノトリの巣をそっとしておいたところ、コウノトリのヒナが巣立った後、その夫婦にも子どもが授かったという話です。ドイツではこの言い伝えから、コウノトリが煙突に巣をつくると、その家にはじきに赤ちゃんが産まれるとか、幸せになるといわれています。

また、赤ちゃんにはときどき蒙古《もうこ》斑などのあざが見られますが、特に赤ちゃんのうなじにできる赤あざを「ストーク・バイト」（コウノトリが赤ちゃんを連れてくるときの噛み跡）とも呼ぶように、コウノトリと赤ちゃんには深いつながりがあります。

ちなみに、ヨーロッパやドイツでいうコウノトリは、実際はシュバシコウという種類で、日本のコウノトリとは種が少し違うようです。

コウノトリは木や家の屋根、煙突の上や電柱など、高い場所によく巣をつくり、オスとメス両方で卵を抱いて子を育てます。

この姿から、生涯一夫一妻のつがいで、子への愛情が深いというイメージを持ちますが、おしどりの話と同様、現実は違うのです。

まず、コウノトリはペアで抱卵・育雛《いくすう》を行ないますが、ペアになるまでは他の個体との同居さえ難しい鳥で、相性が合わないと相手を突き殺してしまうことがあります。また、巣が他の力の強い鳥に襲われたとき、子どもを見捨てて逃げてしまうこともあります。

そしてめでたくペアになったコウノトリでも、4～5年に一度は伴侶《はんりょ》を替えるともいわれています。イスラエルの動物学センターの専門家たちは、コウノトリのオスが、つがい以外のメスとも家族をつくっていたということを報告しています。

日本でも2013年に同様の報告があります。先に述べた兵庫県豊岡市では、繁殖期に入った春頃から、あるコウノトリのペアのなわばりに他のメスが頻繁に侵入し、ペアのメスを攻撃するようになりました。オスはそれに反撃して流血することもあったそうです。

しかし、ひなが巣立った7月上旬から、このオスと侵入してきたメスとが、巣から4キロほど離れたところで仲良く一緒に餌をついばむようになりました。

この侵入してきたメスは、前年の春に他のオスとペアをつくっていましたが、突風で巣ごと吹き飛ばされ、ペアを解消していました。そんな彼女の不憫《ふびん》さを思ってか、オスは自分の伴侶に暴力を振るったメスに惚れてしまったのです。

そしてさらにこのオスは、離れた場所で密《ひそ》かに逢引《あいび》きを楽しむ一方、長年連れ添った元のペアのメスのところにもときどき舞い戻って、一緒に過ごしてもいました。見事な三角関係です。

しかし結局、オスは元のペアのメスとつがいになって再び繁殖をしたということです。なんだかんだいって、元の鞘《さや》に収まるのが賢明とでも思ったのでしょうか。夫婦間でどんな会話や修羅場があったのかを、ついつい想像してしまいます。

もともとは「障害」を意味した「絆《きずな》」という言葉

私たちの属している哺乳類では、一夫一妻の形をとるものは全体の10％にも満たず、基本的に一夫多妻か乱婚だとされます。また鳥類では、世界に約9000種いるうちの93％は一夫一妻だと考えられていますが、実際は先に述べたコウノトリのような浮気が確認されることも多いそうです。

鳥類を研究している人たちの間では、つがい以外の個体によって行なわれる交尾は「婚外交尾（extra pair copulation: EPC）」と呼び、これに対してつがい同士の交尾を「つがい内交尾（pair copulation: PC）」と呼びます。

山階鳥類研究所名誉所長の山岸哲氏によると、アマサギの7羽のメスを延べ1000時間以上観察し、合計239回の交尾を確認しましたが、そのうちの147回（62%）はつがい相手以外の交尾でした。さらに99羽のモズを使ってDNAによる親子鑑定を試みたところ、そのうち10羽（10%）で父親が異なっていたというのです。

さらに、**一夫一妻といわれるツバメの研究では、メスからも進んで婚外交尾に及んでいるのではというデータがあります。**

ツバメのオスは、尾羽が長いほどモテます。これは前章で述べたように、身体の装飾が派手で大きいほうが健康的で力があるという適応度によるものです。

尾が長いオスとペアになっているメスは、あまり婚外交尾をしません。しかし、尾が短いオスとペアになったメスほど婚外交尾をしているのが確認されており、その婚外交尾の相手は尾が長いオスでした。つまり、尾が短いオスとペアになったメスは、夫の目を盗みつつ、長い尾のオスと浮気しているというのです。

また、ヨーロッパ産のアオガラという鳥は、父親不明の子は雛《ひな》全体の11%になるといいます。その原因は、オスが近隣の他人の妻に積極的に手を出すことと、メスが外出して他のなわばりで不倫するからであり、しかも双方の不倫の大部分は、近隣の住人同士の間で起こっているということです。

オスは複数のメスと交尾することで短期間に多くの子を残せる利益がありますが、メスの場合、子の増産にはつながらないのになぜなのでしょうか。

それはやはり、夫の「魅力」と関係があるらしいのです。より頻繁にメスの不倫訪問を受ける、モテるオスの妻ほど不倫願望は小さく、逆にモテないオスの妻ほど不倫願望が大きいのです。優秀でない夫に嫁いだ妻は、より良い遺伝子資質をわが子に導入するための苦肉の策として、不倫に走るということです。

またもや、モテない男の心の傷に塩をすり込むような結果です。

夫婦の絆など、空想の代物なのでしょうか。

しかし、そもそも「絆」という言葉は、平安時代では「ほだし」と読まれていて、手かせ、足かせ、自由を束縛するものという意味を持っていました。

現代では人間の結びつきを肯定的に捉える言葉として頻繁に使われているこの言葉は、本来は家族・親子・夫婦・友人などの切っても切れない「現世の人間関係」を表し、出家への意志を弱める障害物として意識されていたといいます。

生存が厳しいといわれる動物の世界では、男女の関係は意外と自由なのです。

反対に私たち人間のほうが、結婚制度や家族制度という規則や、〝絆〟や〝操〟といった頑ななこだわりによって自らをがんじがらめにしているのかもしれません。

性器の常識を覆したトリカヘチャタテ

赤ちゃんが生まれたとき、まず確認するのはどこでしょうか。

多くの人はまず赤ちゃんの生殖器を見て、男の子なのか、女の子なのかを判断することと思います。

現在はエコー検査が発達しているので、出生前の検査でわかることが多いのですが、それでも生まれてきた子どもを両親が自分の目で見てやっと「男の子だ」「女の子だ」と確認し、子どもの未来に思いを馳《は》せるのです。


このように私たち人間の世界では、外見上の「ある」「ない」で男女を見分けるの

が普通と考えていますが、昆虫の世界では性器の役割が逆転している種類があります。

それは、ブラジルの洞窟《どうくつ》に棲《す》んでいるチャタテムシの一属で「トリカヘチャタテ」という虫です。

前章で述べたように、ニワシドリの素敵な庭づくりや、クジャクの尾羽などの派手な装飾は、性選択がオスに強く働くため、普通はオスのみが進化します。特にオスの挿入器は、交尾時に直接メスと接触して精子を送り込む構造のため、強い性選択が働いていて、その形は多種多様で進化のスピードも速いことが知られています。

それとは反対に、メスの交尾器は一般的に単純な構造をしているといわれています。

体内受精を行なう生物は、ほぼ例外なくオスが挿入器（ペニス）を持ちます。

しかし、トリカヘチャタテという虫はこの常識を覆しました。

２０１４年４月、北海道大学大学院の吉澤和徳氏率いる研究チームは、この珍しい昆虫についての研究を、『カレントバイオロジー』誌で発表しています。

研究チームは、トリカヘチャタテの交尾器形態と交尾行動の観察を根気強く行ないました。

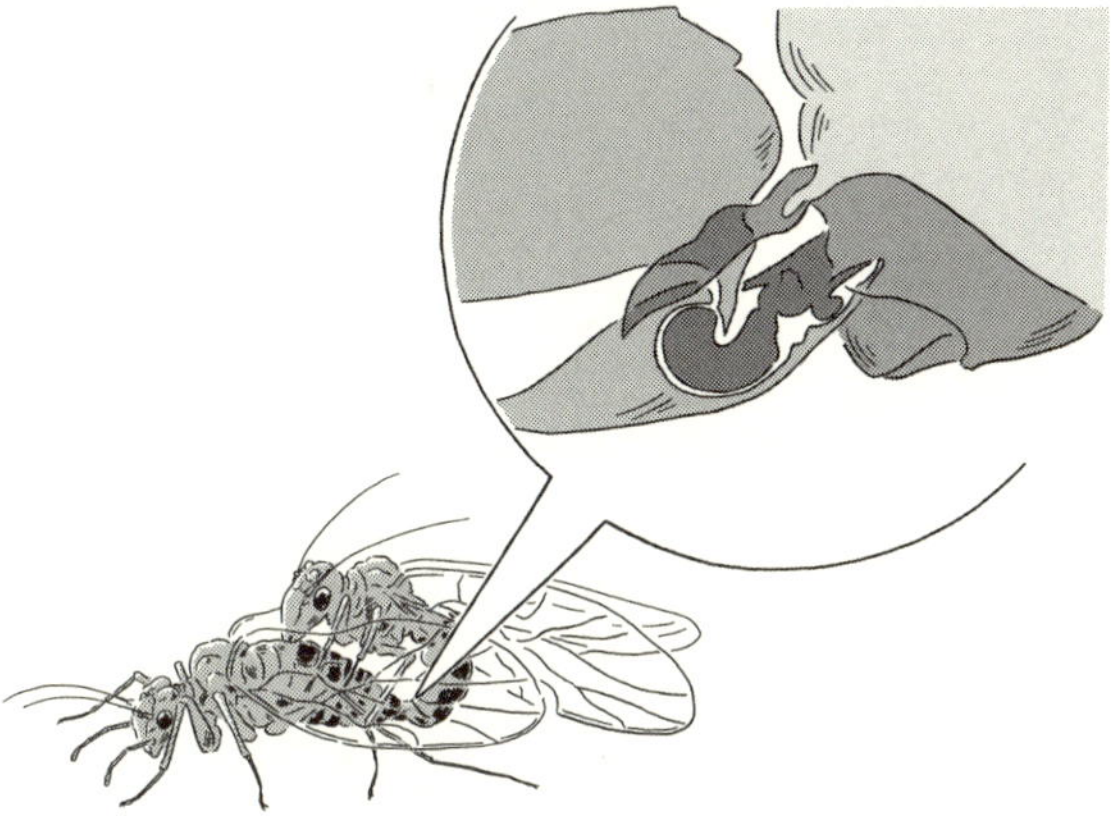

その結果、トリカヘチャタテは昆虫の一般的な交尾とは異なり、オスの上にメスが乗りかかる姿勢で交尾し、メスがペニス様の交尾器を持ち、これをオスに挿入することで交尾を行なっていることが明らかになったのです。

トリカヘチャタテの交尾時間は約40〜70時間と大変長く、この長い拘束時間中に、メスのペニスに開いた管を通して、メスはオスから栄養の入ったカプセルを精子と一緒に受け取ります。

オスにはこうした栄養贈与などの生殖コストがかかるため、メスのほうが早いペースで再交尾が可能になります。また、メスはその栄養をめぐってメス同士の競争になります。

このようなことで交尾への積極性が逆転し、メスに強い性選択が働いて交尾器構造も逆転したと考えられるとのことです。

このトリカヘチャタテの性器役割の逆転は面白い進化の例ですが、もっと深く突き詰めれば、ふだんの私たちが常識だと考えている男女の性役割、つまりお互いの持つ性別に期待される固定観念について、改めて考えるための良いきっかけとなります。

『とりかへばや物語』が教えてくれること

前出の「トリカヘチャタテ」という虫の名前は、平安時代の宮中を舞台に姉弟が性別を入れ替えて暮らす様を描いた、作者不詳の『**とりかへばや物語**』から名付けられました。

この物語のあらすじを簡単に書いておくと……。

平安時代、京の都の名家に生まれ育った権大納言《ごんだいなごん》は、器量も良く順調な出世をし、妻は二人、子どもは美しい娘と立派な息子という、だれが見ても羨《うらや》むような人生を歩んでいました。

しかし彼には、人には知られたくない悩みがあります。苦悩する彼の口癖は「とりかへばや（取り替えたい）」でした。彼の子どもは、凛々《りり》しく男性的な性格を持つ女の子と、内気で女性的な性格を持つ男の子だったのです。

成長してもそれぞれの性格は変わらず、仕方なく権大納言は姉を男として、弟を女として育てることを決意します。そして姉は男性として中納言となり、右大臣の四女である四の君と結婚、息子は女官の尚侍《ないしのかみ》として女性の東宮へ出仕します。

しかし中納言と四の君は、お互いが女なので性関係は結べません。そこへ美人とあらば目がないという宰相中将が四の君の前に現れ、逢瀬《おうせ》を重ねるうちに妊娠してしまい、これを知った中納言は苦悩します。しかしその中納言も、宰相中将に女だと知られて迫られ、彼の子を妊娠します。

一方、尚侍（本当は弟）は女東宮と通じて妊娠させてしまいます。そこで兄妹は相談してお互いに入れ替わることに決め、尚侍（姉）は宰相中将の子を産み、中納言（弟）は四の君とともに夫婦生活を送り、お互いの官位は守ったままで、生まれたときの性別に戻りました。

大変な男女間のドタバタはあるものの、最後は皆幸福になりめでたしめでたし、という結末になっています。複雑な男女の関係性がとても面白い話なので、興味のある方はぜひ原作や現代語訳を調べてみてください。

この『とりかへばや物語』は平安時代後期の古典文学ですが、現代に生きる私たちが考えている男らしさと女らしさ（ジェンダー・バイアス）を考えるうえでのヒントになるでしょう。

便利で都合のいい「二分法」から脱しよう

男と女という概念は、私たち人間を2種類に分類します。このような二分的思考法は、秩序のある社会をつくるうえではとても重要です。物事を二つに分けることは、私たちが判断や処理を行なううえにおいては実に合理的なのです。

たとえば、「優劣」「上下」「善悪」「生死」「明暗」「表裏」「長短」というような反意語からも読み取れるように、双方の性質が違ったり、どちらかが優れているということを表したりするとき、二分的思考法では迅速簡単に結論を導くことができ、とても役立ちます。

過去にベストセラーとなった本にも似たようなタイトルがありましたが、「〜はどっち？」という考え方は、熟慮しなくてよく、脳も余計なエネルギーを使わないので楽なのです。

そして私たちが考える「男らしく」「女らしく」というのも、やはり簡単に男女の役割を言い表すときに役立ちます。

心理学者・心理療法家の故河合隼雄氏は、著書の中でこう語っています。

「二分的思考法は人間に対してもついつい適用されがちになる。（中略）しかし実のところ、人間というものはそのような単純な二分法によっては律しきれないのだが、人間を操作しようとする人にとって、これはなかなか有力な考え方なのである。男性と女性についても、ある文化や社会がそれなりの秩序を持つために、無理やりに二分法的分類に押しこめてゆき、それが長期間にわたるときは、男女というものが『本来的』にそのような存在であると錯覚されるほどになった。ともかく、男女の分類を明確にしておくと、その社会の秩序を維持するのに便利なのである。その当否は別として」

社会秩序の維持から考えたこの二つの分類法は便利であるけれども、私たち「人間」を考えるうえで、限りなく相対化されるこの固定観念的な分類では、大切なものが抜け落ちてしまいます。

秩序を支えてゆくための無理が何らかの犠牲を要求する、と河合氏は示唆しているのです。

その「男らしさ」「女らしさ」は正しいですか？

最近**「ジェンダー」**という言葉をよく聞くようになりました。オスとメスといった生物学的な性のあり方を意味する言葉がセックスですが、ジェンダーとは文化的・社会的・心理的な性のあり方を指す言葉です。

つまり人間の社会や文化によって構成された性なのです。

「男はこうあるべきだ」「女はこうあるべきだ」といった社会的な枠付けや、「男らしさ」「女らしさ」といった「らしさ」を意味しています。

私は過去20年間以上、毎年1回はニューギニア各地を訪れ、熱帯病の調査をしてきました。それと同時に、飲み水や糞便《ふんべん》の調査も併せて行なってきました。そのとき気がついたのは、男の「男らしさ」や女の「女らしさ」が、ニューギニアの民族によって大きく異なる、ということでした。

ある民族は男も女も攻撃的でしたが、他のある民族では、男は攻撃的ですが、女は優しいということをたびたび経験しました。

米国の文化人類学者マーガレット・ミード博士は、ニューギニア地域のアラペシュ族、ムンドグモル族、チャンブリ族という3つの集団に注目しました。これらの民族は互いに近くに居住していながら大きく違っており、男女関係や男女の役割が欧米の文化の中で育った私たちの「あたりまえ」の男女観と比べてきわめて特異的であることをミード博士は報告しています。

アラペシュ族では、男性も女性も「女性的」に優しい気質を持っていました。一方、ムンドグモル族の場合は逆に男も女も「男性的」で攻撃的でした。そしてチャンブリ族では男たちは繊細で衣装にも関心が深く、絵や彫刻などを好むのに対し、女たちは頑強で管理的な役割を果たし、漁をして獲物をとるなど「男性的」な仕事をしていたということでした。

このミード博士の報告は、「男らしさ」や「女らしさ」は絶対的なものではなく、文化や社会によってつくられるということを意味しています。

私たちが「あたりまえ」のように考えてきた男性としてのあり方や女性としてのあ

り方は、文化によって変化していくということでしょう。

これまでの日本の社会は、従来の社会的・文化的に構成されたジェンダー構図に従ってできあがったものでした。「男性が主、女性が従」「男性が能動的、女性が受動的」という固定的な枠組みが家庭における男女の役割や、地域社会や職場における男女の関係の中に長い間見られてきました。

今、日本の若い男性は力を弱めてきています。草食男子などと呼ばれて元気がありません。「男はこうでなければならない」という男らしさの縛りは、若い男性に重荷になり始めているからだと思います。

このあたりで、日本人は男女とも、固定的なジェンダー意識にとらわれた社会から自由になったほうがよいのではないか、と私は思っています。

現代社会は「恋愛強迫症」

男性と女性とは、肉体的にも精神的にも違う生き物であることは間違いありません。

哲学的に男女を語れば、次のような名言も生まれてきます。

女はそのままで女だが、男の方はY染色体や男性性器を持っているだけでは男と認められず、努力してある種の務めを果たして男になるのである。

（エリザベート・バダンテール『XY――男とは何か』筑摩書房）

男女の恋愛というと、どうもお互いの気持ちのすれ違いが目立ちます。それは男女が肉体的にも精神的にも違う生き物である他に、それぞれが思い込みの「男らしさ」や「女らしさ」といったジェンダーに縛られているからだと思います。

男性作家が描く女性は、だいたい次の3つのパターンに収まっているといわれます。

①犯しがたい「聖女」タイプ
②男の好きなように対応することができる「娼婦《しょうふ》」タイプ
③男をスッポリ包んでくれる「大母」タイプ

これを見てわかるように、自分と対等な人格を持った女性像は、男性作家の作品にはまったく出てきません。

これは恋人や妻である女性に対して、男性はそのような女性を自分だけのものにして、相手に尽くしてもらいたいと望む一方で、自分は他の人を愛してよい、自分は女性の所有物ではない、と思ってしまうからでしょう。

一方、女性のほうは、守られること、保護されることばかりを期待していて、自分で自立することを避けたがる傾向があり、それが「女らしさ」だと思っている人が多いのです。

これは、米国の女流作家であるコレット・ダウリングが1980年代初頭に名付けた**「シンデレラ・コンプレックス」**という現象です。

恋愛における男女のすれ違いには、こうした相互の思い込みによる異性とのコミュニケーション不全が考えられます。

こうしたコミュニケーション不全によって男性側に生まれてきたのが「恋愛につい

て臆病な恥ずかしがりや」なタイプです。これを米国の社会心理学者ブライアン・G・ギルマーティンは、**「シャイマン・シンドローム」**と名付けました。

それではなぜ、シャイマンが最近こんなに増えてきているのでしょうか。それも愛情表現は「男性から〇〇すべき」という「男らしさ」に縛られた男性主導文化にあるのではないか、と私は思っています。

ギルマーティンは、シャイマン度のチェック表とともに、シャイマンから脱出する方法についても述べ、同年代の女性とのデートを重ね、自己肯定的に自分を表現する方法を身につけることが必要だとしています。

私は、現代社会は恋愛強迫症の時代ではないか、と最近しばしば思うようになりました。恋愛ができない人間は一人前ではない、といった思い込みが若い世代に強烈に見られるからです。しかも、そこに男女相互の意識のずれがあるため、問題はさらに複雑となっています。

男女同権が叫ばれるようになって、もうすでに長い期間が過ぎています。ジェンダー・バイアスをはじめ、さまざまな固定的な思い込みに縛られたこれまでの恋愛をもう一度根底から見直す必要がある、と私は思っています。

さて、ここまで見てきたように、**男と女が育《はぐく》んできた一夫一妻制という仕組みは制度疲労を起こし、限界を迎えています。その背景には「男」と「女」という旧来の役割がわれわれを縛りつけるだけの存在になっていることが挙げられます。**

一方、動物の世界に目を転じれば、一夫一妻制に縛られない自由な生き方をしていることがわかりました。

われわれ人類は動物に見習って、この行き詰まりを打破すべく、新しい生き方へ踏み出すときが来ているのだと私は考えています。

そして、私たちのシフトチェンジの如何《いかん》にかかわらず、〝重大な変化〟はすでに始まっているようなのです。

第3章
オス不要論

「清潔志向」が生物をメス化させる

私たち日本人は、日増しに「清潔志向」を高めています。

抗菌社会がさらに進んで、そして若者の清潔志向はさらに極端になって、汗や尿まで毛嫌いするようになりました。やがて自分もなるであろう老人や病人の体臭なども嫌うようになると考えられます。その結果、老人や病人と自然に付き合うことができなくなっていくのではないかと憂慮しています。

ところで「清潔志向」がゴミを増やしていることをご存じでしょうか？

過剰に包装された食材、肉から魚から野菜までがすべてラップでくるまれています。

これは衛生面を気にする日本人のために考え出されたものです。

しかしこの衛生面から考えられた包装などが、実は環境を悪化させているのです。

日本はゴミだらけになっています。包装紙や不要な紙に始まり、ラップやプラスチックトレーなど、過剰な包装はとどまるところを知りません。エコバッグなどといって買い物袋を持参したとしても気休めにすぎず、結局ゴミは膨大に増え続けるままです。

それらのゴミはほとんどが焼却処分されます。しかし、ここでもゴミを燃焼させる過程でダイオキシンなどの環境ホルモンが発生します。環境ホルモンとは、人間のホルモンに異常を起こすということで命名されたものです。

これらの包装や容器の原料として大量に使用されているものに、ビスフェノールAという有機化学物質があります。このビスフェノールAは、ダイオキシンと同様に生体内で内分泌系をかく乱するので、環境ホルモンの一つといわれています。

ホルモンが働きかける細胞内には、それぞれのホルモンだけに合う、いわば「カギ穴」が空いています。環境ホルモンは、女性ホルモンの一つであるエストロゲンに似ているため、その「合いカギ」になってしまうのです。

つまりホルモンと環境ホルモンとの関係は、「カギ」と「合いカギ」だということになります。

合いカギである環境ホルモンは、カギ穴にくっついて不必要な女性ホルモン作用を誘発したり、本来の女性ホルモンの作用を阻害したりするのです。他にも環境汚染物質のタモキシフェンは、抗エストロゲン作用で子宮内膜を肥大させることがわかっています。

さらに、殺虫剤も環境を悪化させる物質です。ゴキブリは私たちに何ら害を与えていないのに、ゴキブリが現れるとほとんどの人は殺虫剤をまき散らしてゴキブリを殺そうとします。

ゴキブリなどの殺虫剤を製造しているメーカーは、ゴキブリは「不快害虫」と言っていますが、多くの人は「ゴキブリが不快」という理由だけで、こぞってゴキブリという生物を殺しているということになります。

数年前、下水処理場近くの魚がオスなのに卵巣を持ち、メス化しているということが話題になりました。また、メス同士で巣をつくるセグロカモメの出現や、ふ化しないニワトリの卵の増加、ペニスが小さいワニの発生などが報告されています。こうした現象はこれらの環境ホルモンの影響なのではないかといわれています。

人間も例外ではないと思います。私たちが歪《ゆが》んだ清潔志向を強めていった結果、男

性が女性化していくことがわかっているのです。

最近、20代、30代の女性に子宮内膜症が急増していますが、これらは環境ホルモンのダイオキシンなどが影響しているともいわれています。

子宮内膜症とは、子宮内膜またはそれに似た細胞組織が子宮以外のところで増殖することです。月経のたびにそこから出血し、激しい痛みをともないます。性交痛や不妊症の原因にもなっています。

環境ホルモンは急激に人の健康を害するような毒性はないとしても、じわじわと私たちの身体を蝕《むしば》んでいるのは確かなのです。

精子減少の謎を解く

前章でも述べたとおり、日本の少子化は国の将来がなくなるほどの大問題です。日本人が子どもを産まなくなってきたことにも環境ホルモンの影響が見てとれます。

環境ホルモンが精子の減少を引き起こしていたのです。精子が少なくなった日本の男子が、情熱ある恋愛ができなくなり、性交に対する意欲を喪失したことが少子化をもたらしたのだと私は考えています。

環境ホルモンの他に、食品添加物も精子の減少に関係しているといわれています。

少し古いデータになりますが、1998年（平成10年）に日本不妊学会（現・日本生殖医学会）で、大阪大学の森本義晴教授がこのような調査結果を発表しました。

平均年齢21歳の自称「健康な男性」60人の精子を調べたところ、精子の数や運動度が正常な人は、なんとたった2人だけだったというのです。 60人のうち8割近くが、カップ麺やハンバーガーを常食していました。今の平均的な日本人は、どんなに注意しても一日10グラムの食品添加物が自然に身体の中に入ってきます。これは一年で約4キログラム近い摂取量となる計算です。

私はこれらの食品添加物が、精子の減少を促していると考えています。2006年（平成18年）に日本、デンマーク、フランス、スコットランド、フィンランドの5カ国の各地域で、妻が妊娠中である夫の精子数を年齢、季節、禁欲期間などの一定条件下で比較したところ、日本が最少だったという結果が得られています。

なんと、トップのフィンランドの3分の2の精子数しかなかったというのです。

今、日本では精子の量が少なくて子どもができない夫婦が増えています。一年間避妊しなくても妊娠しない「不妊症」のカップルは、現在7組に1組だとさえいわれています。

ある調査で、帝京大学医学部の学生三十数名から提供された精液を調べた結果、健康な男子であれば、普通は精子数が1ミリリットルあたり1億個程度なのが、対象者のほとんどがその半分の5000万個以下でした。しかも、精子自体も運動量が少なかったというのです。

活動精子数（精子数×運動率）、つまり動いている精子の数が1ミリリットルあたり2000万～3000万個ならよいのですが、それ以下になると生殖が難しいということです。

清潔を求めることでゴミが増え、殺虫剤を振りまくことで環境ホルモンが発生し、便利さを求めて添加物の多く含まれた食品をとるなどした結果、男性は精子の減少、女性には子宮内膜症の発生などの〝症状〟が表れてきたのかもしれないと考えていま

す。

人類は「オス」を捨て去るのか

私たち人類は、文明や文化を創造する生物種です。したがって、「より便利な」「より快適な」「より清潔な」環境を目指してきたのは仕方のないことです。

しかしそこには大きな落とし穴もできてしまいました。

私たちを構成している細胞は、じつは1万年前とほとんど変わっていないのです。私たちは1万年前の環境に適した細胞で生きているにもかかわらず、周囲の環境だけはどんどん変わっていきます。

空気が変わり、食べ物が変わり、生活環境が変わります。

劇的に変化してしまった環境は、肉体的にも精神的にも大きな影響を与えます。

しかし残念ながら、私たち現代人は1万年前の生活に戻ることはもう不可能です。

現代人が絶滅に向かうのは必然のことだと思わざるを得ません。したがって、セックスレスになって子孫を残せなくなっていくのも仕方のないことだと私は思っています。**事実、多くの生物を見ていると、オスがいなくても種の保存が保たれている動物もいます。地球の生物はいろいろ知恵を出して、この地球上に存続しています。**

ムチオトカゲの一種、クミドフォルス・ユニパレンスは、種間交雑によって生まれた新しい種です。オスは存在せず、メスの単為生殖によって繁殖しています。このユニパレンスという新しいトカゲの母方の祖先は、イノルナッスと呼ばれているトカゲですが、この種にはオスがいます。そしてきちんとオスとメスの交尾が見られます。

新しいトカゲのユニパレンスは、単為生殖なので交尾をしないはずですが、祖先のイノルナッスというトカゲの交尾とそっくりの行動をとるペアがごく普通に観察されています。なんとメスの片方が「オス役」になって性行動をするのです。これは「疑似交尾」と呼ばれています。

「オス役」のメストカゲは、性的に受け入れ準備ができているもう一匹のメスに近づいてその上に乗り、イノルナッスのオスがするように顎《あご》でメスをしっかりとつかみます。そして2、3分後に自分の尾をメスの尾の下に巻き込み、総排泄口《そうはいせつこう》を重ね合わせます。

イノルナッツスだとここでペニスの挿入ということになるのですが、メス同士のユニパレンスの場合は当然のことながらそれがなく、お互いの総排泄口を接触させるにとどまります。

しかし、この疑似交尾にはれっきとした生理的意義のあることがわかっています。疑似交尾を受けたメスでは卵巣の機能亢進《こうしん》が起こり、産卵回数が3倍以上増えているのです。

ユニパレンスというトカゲのどの個体がオス型になって行動するのかを調べてみると、排卵期の前ではメスとして、排卵が済んだ後はオス型の行動をすることがわかりました。つまりユニパレンスというトカゲはメスだけで「女の園でのレズビアン行動」をしながら、種の保存を行なっているということです。

ユニパレンスは、その祖先が行なっていた交尾を捨て去り、オスを不要としたのです。この例を見ても、人間たちもこの先、長い時間をかけながら、男という存在を捨て去り、やがて女だけになっていく可能性は否定できないのです。現在の清潔化の果ての精子の減少や少子化がそれを暗示している気がしてなりません。

ひたすら求愛し続けたオスの非情な運命

今、世界的に地球温暖化が問題になっていますが、熱帯地域に棲《す》んでいる昆虫類が日本にも入ってきています。

クロゴケグモは世界中に多種が存在しています。

その中の一種であるセアカゴケグモは、オーストラリアを中心に世界の亜熱帯地域に棲息《せいそく》している昆虫ですが、**地球温暖化の影響で、20年くらい前からこのクモが日本に棲むようになってきました。初めのうちは九州や関西地域に棲息地が限定されていましたが、最近では関東や東北地方でも見られるようになっています。**

セアカゴケグモは強力な毒物質を持ち、これに咬《か》まれると激痛をともないます。

しかし、人が死にまで至ることは稀《まれ》なようです。メスは体長約1センチ、対するオスは3ミリでメスの3分の1以下と非常に小さい身体をしています。

このセアカゴケグモ、求愛はやはりオスが行ないます。オーストラリアにあるニューサウスウェールズ大学のマイケル・カズモビック博士は、セアカゴケグモが行なう求愛行動について研究しています。

セアカゴケグモのオスは、メスのいるクモの巣を脚でかき鳴らして自らをアピールし、続いて化学物質による魅惑のメッセージを発信します。カズモビック博士はこのことを「ギターを弾くようなもので、それがメスに期待を持たせる甘い音楽になる。化学物質のメッセージは、詩のようなものでしょう」と説明しています。

さらに、カナダにあるトロント大学スカボロ校のメイディアン・アンドレード氏は、セアカゴケグモの複雑なデート手順について述べています。

なんと、セアカゴケグモのオスのうち80%は、交尾相手を一生見つけられないというのです。

巣の上では数匹のオスグモが集まり、クモの巣をかき鳴らし、魅惑の化学物質を出すなどして、メスグモの気を引くために一生懸命です。そんな中でメスは常に優位な立場にあるので、必死に求愛をするオスに対し、さらに我慢テストを仕向けます。

巣の上でいちばん忍耐強く待つことができるオス、つまりもっとも長く求愛行動を続けるエネルギーを持つオスが、メスに選ばれて勝利を得るのです。

メスの周りに多くのオスが集まって選り好みができる状態になると、オスの求愛行動はさらに活発になり、競争が激しくなるということです。

ところで、このクモの名を漢字で表すと「背赤後家蜘蛛」で、英名も「red back widow spider」といわれるように、「後家」、つまり交尾後にオスを殺して自分は未亡人（未亡クモ？）になる、という意味だそうです。

自分でオスを食べておきながら何ともひどい話だ、と食べられるオスを思って憤慨していたところ、**実はセアカゴケグモのオスはうかつに食べられてしまうのではなく、自ら食べてもらうよう仕向けていることがわかりました。**

セアカゴケグモの交尾を観察すると、オスが交尾中にメスの口の上にわざわざでんぐり返るというのです。オーストラリアのパース近郊での調査によると、交尾中にでんぐり返りを行なってそのまま食われてしまったオスが65％もいたといいます。

わざわざ食べられる理由には二つ考えられ、一つはでんぐり返ることで交尾時間が長くなること、もう一つはメスの再交尾阻止のためということです。

理由の両方ともオスの遺伝子を残す利益にはつながりますが、私たち人間にはとても真似《まね》ができません。

苦労してオス間の競争を勝ち抜いた後、自らの命を愛する者に捧《ささ》げるオス、対して異性を選り好みしたうえ、食べ殺してしまうメス。

しかし、この矛盾が生命の糸をつないでいるのです。

あまりにも悲惨すぎるオスたち

メスの身体に完全に寄生して一生を過ごすオスもいます。

ミツクリエナガチョウチンアンコウという、ちょっと長い名前の魚です。

メスは20～40センチと比較的大きいのですが、オスは1センチから大きくて7センチと、メスと比べてずいぶん小さい身体です。

この魚のオスは、頭をメスのお腹に癒着させてぶら下がっています。オスはメスの

お腹に噛みつき、メスのお腹から直接栄養をもらいながら生涯メスの身体から離れることなく一生を送ります。

自分で栄養を取る必要がないため、身体や目も非常に退化していきます。オスのアンコウの役目はただ交尾するだけなので、精巣だけはやけに大きくなっています。哀しさを感じるのとともにほんの少しだけ憧《あこが》れが入り混じるのは、「残念なオス」の性《さが》なのでしょうか。

オスがきわめて小さくなって、メスの身体の中で生活している例は他にもあります。岩礁にくっついているフジツボです。

フジツボは雌雄同体の種もありますが、メスとオスとが別々に存在するものもいます。この場合オスの身体はきわめて小さくなり、1匹のメスに10匹以上のオスが寄生しています。

他にも、カマキリのメスが性交の途中にオスを食べてしまうことがよく知られています。このような例はカマキリの他、クモやサソリなどでも見られます。

中にはもっと悲惨な目に遭っているオスもいます。ナガマルコガネグモというクモ

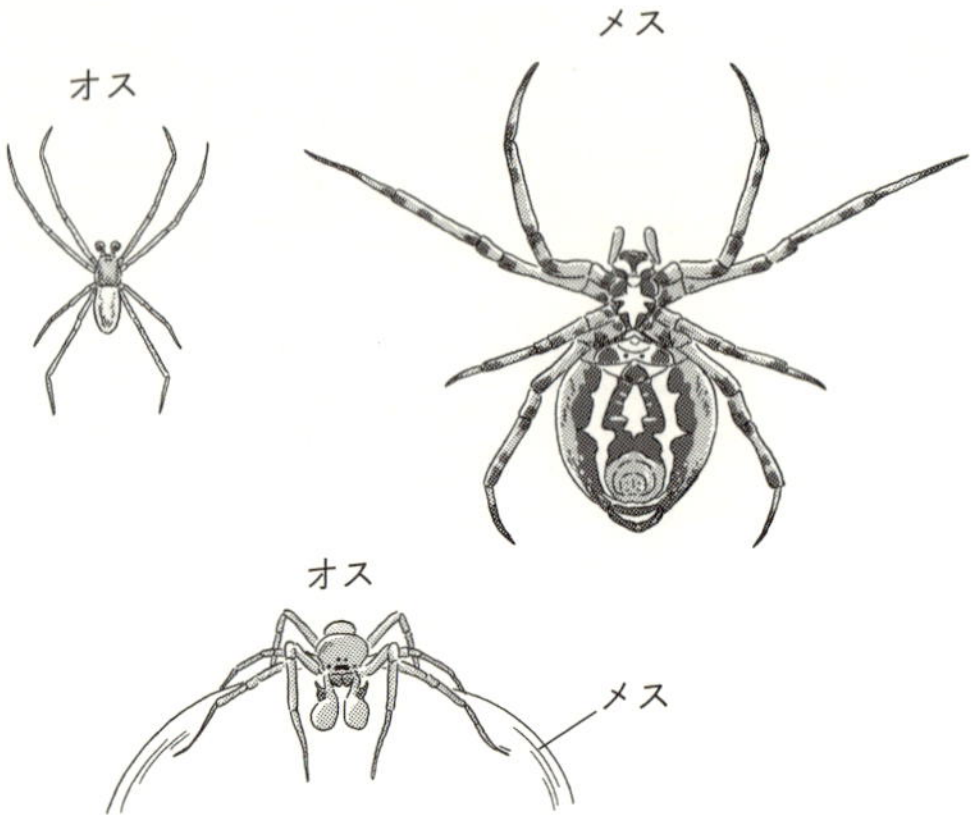

オスが触肢を生殖孔に突っこむと抜けなくなる

のオスです。上に示すイラストのとおり、メスグモの大きさは2センチ以上、しかしオスグモは5ミリ足らずととても小さいのです。オスは頭に触肢を2本持ち、この触肢には精子が詰まっています。つまりこのクモのペニスは頭から生えているということです。このクモのメスの生殖孔は腹部下側に2カ所空いています。

このクモの交尾は悲惨なものです。

一度オスグモが触肢を生殖孔に突っ込んだら最後、その穴から抜けなくなってしまうのです。オスは仕方なく触肢に空気をいっぱい送り込んで膨らませ、空気圧とともに射精します。

そのとき触肢は破裂してオスは死んでしまいますが、その死んだオスをメスがさっさと食べてしまうのです。

考えられないほど残酷なトゲオオハリアリの最期

さらにもっと悲惨な最期を遂げるオスもいます。

沖縄にいる巨大なアリ、トゲオオハリアリです。

このアリの交尾はメスもオスも生涯1回限りです。メスの身体には精子を溜《た》めておく貯精嚢《ちょせいのう》というのがあって、一度受け取った精子を少しずつ使うことができるので、交尾はたった1回すれば済むのですが、オスの場合は大変な目に遭います。

女王アリは巣穴からフェロモンを空中に放出します。空中を飛んでいるオスアリはそのフェロモンに誘われて巣の中に飛び込んで行きます。そこでフェロモンを発している女王アリを見つけ、めでたく交尾をします。

しかし、ここからがオスアリの悲劇の始まりです。

女王アリと交尾したオスアリは、そのまま女王アリの身体から離れることができなくなります。女王アリの身体にある把握器にしっかりと固定され、巣の中を女王に引きずり回されるのです。

そして巣に一緒にいる女王アリの姉妹たちに噛み切られ、肉はすべて食われ、セミの抜け殻のようにからっぽの亡骸《なきがら》になってしまうという、考えられないほど残酷な目に遭って最期を遂げるのです。

ここまで「愛は危険である」という〝真理〟を述べてきました。

オスを不要とする生物がいる一方、セアカゴケグモやトゲオオハリアリのオスたちは命懸けでその存在をアピールしているかのようでした。

その様子は「痛めつけられてもいい、嬲《なぶ》られても、殺して食べてくれても構わないから、『オスが要らない』なんて言わないで！」という悲痛な叫びのようにも聞こえてくるのでした。

なぜ男が不要になってきたのか?

人類は高度に発達した脳によって自分たちが安全に快適に過ごせる環境をつくってきました。人間だけが安全で快適な世界を目指して、一方で多くの地球上の生物を絶滅に追いやりました。

過度の清潔志向で私たちの身体を守っている身の回りの細菌まで追い出しました。それが自分たちを免疫力低下に導き、これまで人間には害を与えなかった細菌やウイルスにまで襲われるようになりました。

花粉症やアトピー、気管支ぜんそくのようなアレルギー性疾患は、昔の日本人には見られませんでした。日本でのスギ花粉症の第一例は1963年で、栃木県日光市の成人です。それまでは日本にスギ花粉症という言葉はなかったのです。

小麦などを食べて起こる食物アレルギーに多くの人が悩むようになったのも、ここ最近の約10年間のことです。昔の日本人は免疫力が高く、アレルギー性疾患には罹《かか》っていなかったのです。うつ病などの心の病気も最近急激に増えていますが、これは腸内細菌の減少が関係していると思います。

一方、私たちが考案した医学技術の力によって、人類の生存を脅かすような恐ろしい伝染病の流行はほとんど起こらなくなりました。たとえ地球環境に大きな変化が起こっても、それに対応できる現代社会を人間の頭脳がつくってきたのです。

オスとメスによる有性生殖は、恐ろしい病原体の侵襲や地球環境の大きな変動に対応するために発達したものです。

恐ろしい病原体が地球上から減り、地球環境が大きく変動してもそれに次々と対処できるようになると、男性は不要になってきます。脅威がなくなってくると、面倒くさい有性生殖の方法をとらなくても済むように変化していくのです。

太古の昔、地球上で行なわれていたような性とは無関係の無性生殖のほうが気ままでよいと考える時代を、私たち自身がつくってきたというわけです。

また他方では、前に述べているように、私たちのつくった文明社会によって男性の精子を減少させたり、男性の女性化を招くようになりました。

その結果、性への情熱を失い、セックスレスにもなり、子どものつくれない日本人になってきたのです。つまり現代の文明が、男性の不要な社会をつくりつつあるということです。

もうすでにオスという性を失ってしまった生物たち

現に昆虫の世界では、オスなしでも今も繁殖を続けている種が存在しています。

ヒルガタワムシという昆虫は、記録によれば８５００万年もの間メスだけで世代をつないで生き続けています。そして、そこまで極端な例ではなくても、一時的にオスが出現しなくなり、メスだけで世代をつないでいる生物は案外多いことがわかります。

アブラムシは農業害虫としてよく知られています。この虫は環境が良い春から夏にかけては翅《はね》を持たないメスだけで増え続けています。しかし、冬が近くなると翅を持つ個体が現れるようになり、その中にオスもいるのです。

他にもイネミズゾウムシという稲の害虫は、もともとアメリカ大陸で繁殖していました。そのときはオスとメスとの有性生殖で子孫を増やしていたのですが、1976年に日本に侵入するとメスばかりの単為生殖で増殖し始めました。

新しく侵入した日本はイネミズゾウムシにとって環境が安定していて、天敵や病原体が存在していなかったため、増殖のスピードが遅いオスとメスとの有性生殖をやめてしまったのです。

オスなしのメスだけでの無性生殖で増殖したほうが有利だったからでしょう。

私の大好きなサナダムシの中間宿主になっているミジンコも、好適条件ではメスだけの単為生殖で子どもをどんどん産んでいます。しかし、生存密度が上昇して環境が悪くなるとオスが生まれて有性生殖を行ない、生殖のスピードを落としつつ多様性ある種をつくり始めるのです。

また、カイガラムシも環境によって無性生殖である単為生殖と有性生殖を繰り返しています。

このように、ときどきオスという性を失ってしまう生物は、私たちの周りに意外に多く存在しているのです。

ということは、私たちの今現在の環境が、これらの生物と同様、一時的にオスの必要ない環境に近くなっている可能性もあるということでしょう。

性転換も自由自在なダルマハゼ

なりゆき次第で性を自由自在に変えられる魚もいます。

サンゴ礁に棲む魚の多くは、簡単に性転換しています。

ダルマハゼは身体の小さいときはメスとして暮らしますが、自分の身体が大きくなるとオスとして生活します。しかしサンゴ礁で自分より大きな魚と同居すると、ふたたびメスに戻ります。

サンゴ礁ではいろいろな魚が集団で生活しています。一匹のオスがガード役をして集団の魚を守っています。この魚が何らかの理由で集団からいなくなると、メスたちの魚の中でいちばん身体の大きいものが性転換してオスになります。

これらの魚ではオスが「なわばり」を守るために必要だからです。産卵のためにそこに訪れるメスをより多く迎え入れるためには、より広くより環境の良いなわばりを確保しなくてはならないので、身体の大きい魚がオスに選ばれるということです。

同じサンゴ礁に棲む生物でもなわばりが必要でない場合は、逆に身体の大きいものがメスになります。タラバエビの場合がそうです。産卵数はメスの身体の大きさとともに増大します。

これに対して、オスとしての繁殖能力は身体のサイズにあまり左右されません。毎年、繁殖期ごとにどちらの性になるかを自由に決められるとすると、小さなエビはオスに、大きなエビはメスになるのが、子どもを残すうえで有利になるというわけです。

性転換をするこれらの種でどちらの性が先になるかは、どうやら配偶様式が「乱婚系」か「なわばり系」かで決まるようです。

生物界のアンドロギュノス（両性具有）たち

さらに、オスとメスの機能を一つの身体の中に併せ持つ生物も多く見られます。

いわゆる両性具有の生物です。

私が「キヨミちゃん」と名前をつけて自分のお腹の中に飼っていた日本海裂頭条虫というサナダムシは、オスの性器とメスの性器を同一個体の中に持っています。このサナダムシは約4000個の体節が連なってできていて、その体節内には雌雄それぞれの生殖器があります。要するにサナダムシとは、雌雄同体の多数の個体が連結している虫と考えてよいでしょう。

このサナダムシの受精は、同一体節内での雌雄の生殖器で行なう他、同一虫体の他の体節との接合によっても行なわれています。したがってこの場合、生まれる子どもの遺伝子は同一ではなく、それぞれが異なっています。こうしてサナダムシは遺伝子をミックスし、多様性を増やしているのです。

他に、アメリカ大陸原産のザリガニは、正面から見ただけではオスとメスの識別はまったくできません。恋のシーズンになると、オスのザリガニは通りすがりのザリガニを手当たり次第につかまえてひっくり返し、交尾の体勢に持ち込もうとします。ひっくり返してオスだったら、彼は「ごめんなさい」といって立ち去り、メスだったら

「どうかお願いします」ということになります。

雌雄別々の生物で個体同士の出会いが少ない場合は、偶然出会った二匹がオス同士だったりメス同士だったとしたら、せっかく出会った意味がありません。この場合一つの身体にオスとメスの性器を両方持つ両性具有の生き物であれば、出会えば必ず性交できて子孫を残せるのです。

しかし両性具有の生き物であっても、状況によって「男役」「女役」に変わるものもあります。それはカタツムリです。

相手のカタツムリに精子を「送る」か「もらう」かを、交尾の際に出会った相手の身体のサイズによって切り替えられる仕組みが備わっています。自分が出会った個体よりも大きい場合はメスとして働き、小さい場合はオスとして働きます。同じようなサイズの個体同士が出会うと、互いに精子を送り合い、両方の個体が産卵します。

同じく両性具有の生き物でも、出会ってどちらの性になるかを激しい戦いによって決めているものもあります。

扁形動物《へんけい》のヒラムシは、出会うと1時間におよぶペニスファイトでお互いの身体を突き刺そうと奮闘します。そして、最初に相手の身体に突き刺したほうが父親になり、その場から立ち去ります。負けたほうがその一撃によって妊娠し、食べ物と安全な場所を求め、その後さらなるエネルギーを費やしながら子どもを育てるのです。

こんなにも自由自在に性をあやつる力を持っている生物がたくさんいるのだとわかると、人間が最高に進化した生物であると傲慢《ごうまん》になるのは、恥ずかしい気がしてきます。

恋するゾウリムシ

性と無関係に子孫を残す方法が分裂などの原始的な生殖法です。

しかし、この分裂という原始的な生殖を行なっている生物も、オスとメスが存在する高等動物と同じように愛を確かめ合うような接合という営みにふけることが観察されています。

たとえばゾウリムシは分裂で子孫を残していますが、その前に必ず二個体での接合が見られます。ゾウリムシには3個以上の「配偶子」と呼ばれる、精子や卵子、花粉など生殖に特化した細胞があり、その組み合わせによってうまく接合できる配偶子とうまく接合できないタイプの配偶子が存在します。

このゾウリムシにはロマンチックな恋愛のルーツが隠れているようです。

フランスの古い生物学者の文章には、次のような詩的表現が残されています。

ときたま、ゾウリムシは何も食べなくなる。
不安そうな様子でざわめきたつ。
何かを探し求めるかのように、あっちこっち泳ぎ回り、
互いに衝突し、繊毛をぶつけあう。
やがて二匹が相寄って、結びつく。

ひとたび結ばれると、互いに相手を圧迫し、

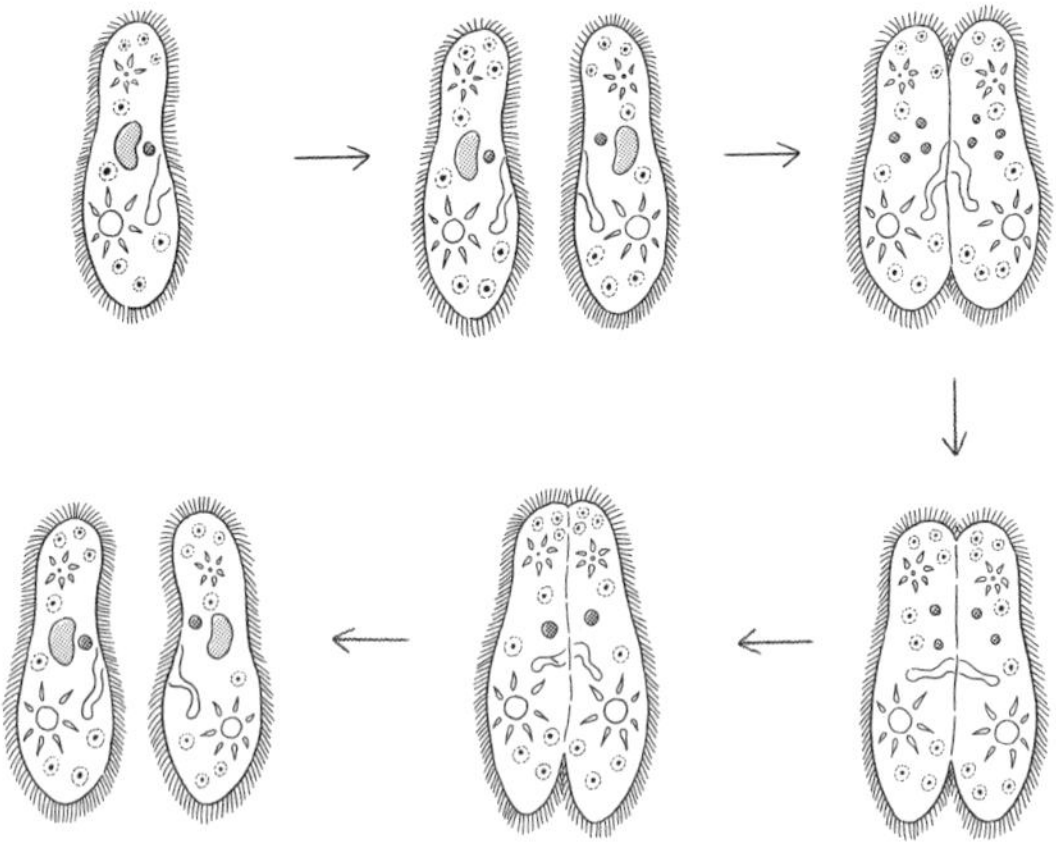

口と口を押し付け合う。
まるで、接吻《せっぷん》でもしているような、
この絡み合いの次には、
さらに親密な接触がはじまる。

こののち、ゾウリムシの互いに接触している部分の膜が薄くなりやがて消え、自由に混じり合い、核を交換して再び膜をつくって分かれていくのです。

このゾウリムシの接合では、もちろんゾウリムシの数を増やしているわけではありません。これは子孫を残すこととは無関係な行動です。しかし、実はこの行動は、子孫を永久に残すために必要な行為でもあるのです。
ゾウリムシを接合させないでおくと、600回ほど分裂したところで死んでしまいます。**接合して自分とは違う遺伝子を受け取ることで若さを保ち、新たな分裂に備えているのです。**

細胞分裂だけを繰り返していると、特定の遺伝子を持ったゾウリムシばかりになってしまいます。たとえば温度が上がるなどの環境変化が起こると、ゾウリムシは全滅してしまう恐れがあります。

接合することで多様な遺伝子を組み合わせてつくっておけば、温度の上昇にも強い者がいて生き残れるというわけです。

「切ないまでに相手を求める」恋は、地球上の生物を生きながらえさせてきた原動力なのかもしれません。

第4章 残念すぎる「人類」という生物

オスもメスもみーんな仲良く絶滅する説

同一規格化された家畜はまっさきに絶滅する

これまで繰り返し述べてきたように、私たち現代人は「清潔志向」をどんどん高めています。

除菌スプレーや便座クリーナーに始まり、電気のスイッチ、キャッシュカード、ボールペン、まな板、さらには身に着ける下着や靴下までもが抗菌を謳《うた》っています。

この抗菌社会はさらに進み、自分の身体から出る臭《にお》いまでも消そうとする「消臭社会」へと突入しました。「加齢臭」「ミドル脂臭」などの名称をつけ、周りで少しでも臭う人がいればスメルハラスメントと言われるのですから、だれもが気が気ではありません。

体臭はだれにでもある自然なものにもかかわらず、企業の巧みなマーケティングは私たちに臭いへの嫌悪感を過剰に抱かせ、だんだんとその度合いを強めながら、抗菌商品へと誘導しています。

つい先ほどまで自分の身体の中にあった便や尿への嫌悪感はさらに強くなり、ついには汗もかけない、息もできない社会になってしまうかもしれません。

他にも日本特有の習慣に「マスクの着用」があります。花粉症の季節に売れ行きが良いのはもちろんですが、2003年にSARS《サーズ》と鳥インフルエンザの流行、また2009年に新型インフルエンザの流行があったときは店頭から姿を消すほど売れていました。しかし、その後でもマスクの売り上げは大きく減ってはいないようです。

あるテレビ番組が、マスクを着用している100人について調査したところ、24人は実際に風邪を引いていて、20人が風邪予防のためだと答え、残りの56人は風邪とは関係なくマスクをしているという結果が出ていました。

この風邪とは関係なくマスクをすることを、最近では「だてマスク」と呼ぶそうです。**その目的は見た目や保温・保湿もありますが、「他人に表情を窺《うかが》い見られたくない」「人と話したくない」「何となく安心する」などの理由があるといいます。**

大勢の人がマスク姿で街を歩く日本特有の光景は、海外の人々から見るとかなり不思議で、理解できないそうです。

私も長く海外で生活しましたが、医療従事者さえもマスクはあまり使っていませんでした。せいぜい手術のときに着けるくらいで、もしふだん着けていれば逆に、「この人は何か変な感染症でも持っているのでは」と疑われ、だれも近づいてくれないのです。

英国紙「デイリー・テレグラフ」の東京特派員として勤め、日本での生活経験が長いコリン・ジョイスさんは自身の著書の中で、**「こうなれば君は日本で暮らしていける」という条件として〝マスクを着けた人と笑わずに会話する〟ことを挙げています。**

それくらい、マスクをふだんから着けて

いる光景は異様に見えるらしいのです。

このように、清潔・消臭・本来の姿を隠すことを当たり前と思わせる近代の日本社会は、人それぞれの個性を認めることを忘れてしまい、「異質であるものはすべて排除せよ」という極端に偏った思想を生んでいるのではないかと思います。

確かに日本でつくられている製品などは、品質管理面では非常に優れていることが世界でも有名です。しかし、それに倣って現在の私たち人間までもが、工業製品のように均質な規格を求められるようになってしまっているのではないでしょうか。

私はかねてより「人類が家畜化されつつある」と主張し続けてきましたが、同一規格化された家畜は絶滅の危機に陥ったとき、あっという間に死に絶えることが知られています。多様性のない生物は、真っ先に淘汰《とうた》されてしまう危険性があるからです。

こうしてサナダムシは絶滅した

今、多くの地球上の生物が絶滅の危機に瀕《ひん》していますが、それは動物・植物に限ったことではありません。
私は日本海裂頭条虫というサナダムシを、6代にわたり15年間も自分のお腹の中に飼っていました。初代のサトミちゃんから始まり、6代目のホマレちゃんまで私のお腹に宿していましたが、残念ながら今はいません。
どうしてかというと、日本ではサナダムシの幼虫が手に入らなくなったからです。

現在、日本のサナダムシは絶滅状態にあるのです。

お腹の中で成長したサナダムシは、一回に200万個近い数の卵をヒトの腸管内に排出します。しかし、私が日本のトイレで排便する限り、サナダムシの感染サイクルは成立しません。私のウンコは下水処理場で処理されるため、サナダムシの卵が川に流れないのです。
私が学生時代から馴染《なじ》み深い川として神田川があります。仮に、私がこの神田川で排便したとすると、サナダムシの卵は孵化《ふか》してミジンコの中に侵入します。サナダムシの幼虫は、ミジンコの体内に入ることで成長するのです。

仮に私が神田川で排便して、ミジンコがそれを食べたと仮定しても、現在の日本で

はふたたびここで感染サイクルは止まります。サナダムシの幼虫が入ったミジンコをさらに鮭《さけ》が食べないと、幼虫は感染幼虫まで発育しないからです。

つまり、サナダムシの感染幼虫をつくるためには、お腹にサナダムシを飼っている人が、鮭の棲んでいる川まで行って直接排便しなければならないのです。そうしてサナダムシの幼虫がミジンコに入り、そのミジンコを鮭が食べて鮭の身の中に感染幼虫ができ、その鮭の身を生で人間が食べることによって、やっと感染サイクルが成立するというわけです。

日本ではもう30年近くも前から、川には人の糞便《ふんべん》が流れないように整備されています。こうして日本のサナダムシの感染サイクルはまったく回らなくなって、サナダムシは絶滅状態となったのです。

『レッドデータブック』に寄生虫の名を

私は寄生虫のすべてが、生物にとって有害だとは思っていません。

花粉症は50年くらい前にはほとんど見られませんでしたが、それはお腹の中に寄生虫がいたおかげかもしれません。なぜなら、寄生虫がつくる抗体が宿主を守っていると考えられるからです。寄生虫駆除が行き渡った頃から、花粉症を発症する人が激増したのです。

他にも、巻き貝では寄生虫が他の寄生虫を捕食して役に立っている例もあります。

寄生虫の絶滅は、動物の絶滅とも非常に深く関係しています。

動物が次々に死んでいくと、それに寄生している寄生虫も死に絶えます。つまり、絶滅危惧種の動物に棲んでいる寄生虫は、動物が絶滅するのと同時に絶滅する恐れがあるのです。

野生で生きている動物は、多くの寄生虫を持っています。仮に野生の犬を想定しても、フィラリア、回虫、鉤虫《こうちゅう》、鞭虫《べんちゅう》など、平均して1種の動物につき3種類以上の寄生虫が棲んでいます。それに加え、寄生虫に寄生する寄生虫もいるので、地球上の生物の半分は寄生虫と考えてもよいほどなのです。

このように、生物の大半を占めている寄生虫なのに、残念ながらその絶滅について

はまったく危惧されていません。

富山大学の横畑泰志教授は、このように絶滅の恐れのある動物を載せる『レッドデータブック』（環境省編）へ、寄生虫の名前をもっと載せようと働きかけをしています。

寄生虫は現状把握が難しいことで、掲載を却下されることが多いといいますが、活動の成果が実り、レッドデータブックの２０１３年見直しではようやく3種が追加され、２０１４年も新たに2種のダニが掲載されました。

日本では、今後少なくとも20種類前後の寄生虫に絶滅の恐れがあるということです。生物多様性が注目されている時代ですから、ぜひもっと多くの人に注目してもらいたいと思っています。

生物の歴史は絶滅の繰り返し

約40億年前に生命がこの地球上に誕生してから、地球の生物は**「ビッグ5」**と呼ばれる5回の大量絶滅を経験しているといいます。

最大規模の絶滅は、今から約2億5000万年前に起こったとされる3回目のもので、三葉虫などの海の無脊椎《むせきつい》動物は約9割、爬虫類《はちゅうるい》と両生類は種より上位の科のレベルで3分の2以上が失われてしまったそうです。

比べて直近の5回目はいちばん規模が小さい絶滅といわれますが、それでも当時の生物種の半分は消えたと推測されています。

また最近、掘削技術が進歩したことにより、新しいエネルギー資源として注目されるシェール・ガス、シェール・オイルの元は、油分を含んでいる黒色頁岩《けつがん》というもので、この生成にもやはり生物の絶滅が関係しています。

頁岩地層ができた地質時代には、地球規模での「海洋無酸素事変」が何度か繰り返され、その移行期には生物の大量絶滅が起きたと推定されています。

この海洋無酸素事変とは、海水中の酸素欠乏状態が広い範囲に拡大し、有機物を分解する好気性細菌や動物が生息できない状態となって、海洋環境の変化を引き起こす事象です。

この事象が起こると、大量の植物プランクトンや陸生植物、その他の生物の死骸《しがい》が分解されないまま海底に堆積《たいせき》します。その堆積物が地殻変動で地下深くに埋まって大きな圧力がかかり、そこにシアノバクテリアや光合成硫黄細菌、黒色頁岩を餌《えさ》にして生きているバクテリアなどの微生物の働きが加えられ、頁岩がつくられるのです。

昨今のシェール・ガス革命は、過去の大量絶滅がもたらした恩恵でもあったということです。

大量絶滅の後に起こること

このような大量絶滅の後には「**大適応放散**」が起きて、生物の多様性が増大するといわれています。

適応放散というのは生物の進化に見られる現象で、一つの祖先から多様な形質の子孫が出現することを指します。地球上の寒冷化や温暖化、酸素濃度などの急激な環境変化により、恐竜など巨大生物の盛衰を経て、生き残った生物が環境に適応できるように多様性を増やしていくことです。

このように、種の絶滅の繰り返しは自然の流れであり、進化に必要なものだと考えることもできます。しかし、だからといって私たちが、これを無視したり静観したりしていてよいというわけではありません。

なぜなら、過去に比べると絶滅のスピードがどんどん加速してきているからです。

絶滅のスピードは、1600〜1900年には1年間で0・25種の生物だったのに対し、1975年以降、1年間に4万種の絶滅があるといわれていて、急激に上昇し続けています。

その原因のほとんどは人間の活動によるものです。食糧、薬、毛皮、装飾品作製のための狩猟乱獲、土地開発による生息地の破壊、生活排水や工場汚染物質排出などの環境汚染、貨物に紛れたり人為的に持ち込まれたりした外来生物の侵入などで、絶滅のスピードはますます加速し続けているのです。

イギリス科学誌の「ネイチャー」によると、今現在の生物が絶滅していくスピードを生態学者が計算した結果、今後数世紀にわたって数千種が消滅してゆき、最大で75%もの生物種が絶滅する可能性があるといいます。また、英国ケンブリッジ国際保全センターのデレック・ティッテンサー博士は「生物多様性という点では状態は悪化している」とも指摘しています。

この切迫した状況を救うためには、一体どのような方法があるのでしょう。

一つ、もっとも確実な方法がわかっています。

それは、人間が地球上からいなくなることです。

人間が環境に与えてきた悪影響は、それほど深刻なことなのです。

もし人間がいなくなったら、地球はどうなるか？

知人に教えてもらったのですが、インターネット動画サイトの「YouTube」には、さまざまな日常の疑問を取り扱いながらサイエンスの面白さを伝えている「AsapSCIENCE」という番組があり、そこで『もし人類が滅亡してしまったら？（What If Humans Disappeared?）』というタイトルのショートビデオを見ることができます。

これによると、地球上から人間がいなくなった場合、最初の数週間は混沌《こんとん》とした状態が続きます。

人間がいなくなると、数時間以内に発電所は燃料を使い果たしてしまい、運転を停止します。街中からは光が消え、牧場の電気柵も意味がないため、世界中の15億頭以上の牛や約10億頭のブタ、２００億羽の鶏などの家畜が餌を求めて家畜小屋や柵の中から逃げ出します。

動物に餌を与える人がいないので、家畜のほとんどは飢え死にするか、世界中に5億頭以上いるといわれている犬や猫の餌になります。ただし、人間が品種改良した犬や猫は野生での生活に適さないため、より丈夫な雑種犬やオオカミ、コヨーテ、山猫などの標的になるでしょう。

また、ネズミやゴキブリは人間がいなくなることで大きく個体数を減らし、ヒトジラミやアタマジラミのような生物は絶滅してしまいます。

都市では多くの有名な大通りが川になり、電気ポンプが動作しなくなるため地下鉄は水没し、通りや建物は雑草やツタだらけになり、大きな植物や木が生い茂るでしょう。

しかし、そうなる前に、多くの都市が火災によって徹底的に破壊し尽くされる可能性もあります。これは近代住宅に多くの木材が使用されているため、一度の落雷で住宅に火がついてしまえば、辺り一帯が焼失するからです。仮に火災がなくとも、シロアリなどによって自然に分解されていくでしょう。

人間がいなくなって100年ほど経過すれば、ほとんどの木材建造物がなくなります。そして、残るのは建物の基礎や車などに使われているスチールなどです。

しかし、これらもほどなく腐食していきます。スチールはそのほとんどが鉄であり、塗装や表面のコーティングがなければすぐに酸素と反応して錆《さ》びるので、これらも人間がいなくなってしまえば寿命はそれほど長くありません。

もし人間がいなくなったら、地球はどうなるか？　その②

そしてさらに数百年が経過すると、世界中のほとんどの動物の生活は人間が誕生する前の水準に戻ることになります。しかし、生物の生息分布だけは人間に変更されたまま残る見込みで、たとえばラクダがオーストラリアをぶらついていたり、北アメリカにヨーロッパから輸入された多数の鳥たちが繁栄し続けたりします。そして、世界中の動物園から逃げ出した動物たちがそのまま新たな生態系を形成するため、グレートプレーンズにライオンがいたり、南米の川にカバがいたりといったことが起きるでしょう。

また、人間がいなくなってからも、ラジオ、衛星、携帯電話などから発せられる電磁波は、半永久的に地球に残ることになるようです。

プラスチックや硫化ゴムなどの化学結合物は、天然化合物や金属と違ってバクテリア分解酵素の影響を受けず、錆びたり腐ったりしません。マイクロプラスチックなどの粒子は消えることがないので、水に流されて海に浮かぶか堆積するかして、地球にそのまま残ることになります。

今から数億年後、宇宙人の地質学者が地球を調査するとき、タイヤやビニール袋の小片からできている炭素粒子の堆積岩を発見して驚くかもしれません。

地球上に何が残って何がなくなるのかは環境に大きく左右されますが、砂漠ではより多くのものが長く残ると考えられます。これは、砂漠には水分が少ないため、腐食や分解が進みにくいからです。

また、炭素循環が二酸化炭素の量を数千年前のレベルに戻してくれている可能性もあります。そして、有機化学物質や放射性物質は長い間地球上に残るでしょう。

未来になって地球にやって来た宇宙人の古生物学者は、私たちのプラスチック好きや、居住スペースを増やすためにアフリカを離れ、地球上のほとんどを植民地化していた事実を地質調査から知り、理解に苦しむことでしょう。

そして宇宙人は不思議に思うはずです。「長いこと成功していたなら、どうしてこんなに早く消滅してしまったのだろう？」と。

人類滅亡後の地球がどうなるかなど、私たちはふだん考えることなどありません。

しかしよく考えてみると、超高層ビルが立ち並ぶニューヨークのマンハッタンでさえも、放置されれば200年くらいで原始の森林に戻っていくのです。

いかに私たちの文明が自然に逆らって地球環境のバランスを崩しているかを、今一度私たちの胸にしっかり刻んでおく必要があるのではないでしょうか。

豚なら4頭、サンマなら3041匹 ——人間は年間どれくらい食べるか

生物にとって、生きることとは食べることとです。

私たち人間も、毎日とる食事で命をつないでいます。

では、私たちが1年間に食べる量は、いったいどれくらいなのでしょうか。簡単に試算してみましょう。

ヒトが1日に必要とするカロリーを、計算しやすいよう単純に2500キロカロリーとします。1年間では、2500キロカロリー×365日＝91万2500キロカロリーです。

このカロリー摂取を豚肉で考えてみます。豚1頭から80キログラムの枝肉が取れるとして、豚肩の肉が100グラム300キロカロリーとすれば、豚1頭が24万キロカロリーです。**つまり、とるカロリーすべてを豚肉だけで計算したとすれば、ヒト1人で1年間に豚を約4頭分食べるという計算になります。**

他の例として魚を挙げましょう。サンマの塩焼きで考えれば、可食部が100グラムで1匹300キロカロリーです。**仮にヒトの摂取カロリーをサンマだけで賄《まかな》うとすれば、1年間では3041匹も食べる計算になります。**

そして、その豚やサンマも育つまでには餌が必要です。さらに、その豚の餌となる生物も、やはり成長するまでに餌としてのエネルギーを消費しています。

このように、エネルギーの消費はどんどん循環していきます。さまざまな生き物が生き延びていくうえで、次から次へとエネルギーを消費しているのです。

人間はこのエネルギー循環のいちばん上に位置しています。つまり天敵がいないために、人間は消費するだけで、他の生物に消費されることはないのです。

また、人間が動物と大きく異なるのは、火を使用できることです。木や石炭や石油を燃焼させ、動力や熱としてのエネルギー消費もするようになりました。

このように、人間ばかりが地球上にあるエネルギーを大量に消費しています。地球環境のバランスが崩れ始めているのは、人間がエネルギー消費の循環を大きく崩しているからだと考えられています。

エネルギー消費量と環境汚染物質量は、20世紀初頭から今日までのわずか100年くらいで急速に増加しました。文明や工業が発展して大量生産・大量消費の時代が到来し、私たちは便利な生活を楽しめるようになりましたが、それと引き換えである地球環境の問題については、目を背けてきてしまったといわざるを得ません。

イースター島から学ぶ絶滅のシナリオ

南米チリから西に3000キロメートル以上行ったところにある、太平洋上にぽつんと浮かぶ孤島イースター島と聞けば、広い青空の下に並ぶモアイ像の神秘的な巨大石像群を思い浮かべる人が多いと思います。

ところが、そんな楽園的なイメージとは裏腹に、実際はこの島が悲しい歴史をたどってきたことが伝えられています。

現地語で「ラパ・ヌイ」と呼ばれているこの島は、亜熱帯性気候に属しています。面積約160平方キロメートル、もっとも高いテレバカ山の山頂でも海抜約510メートルで、さほど大きくはない島です。穏やかな気候と火山の噴火に由来する肥沃《ひよく》な土壌に恵まれてはいますが、亜熱帯性気候の割に寒冷で風も強く、年間の降雨量もポリネシアとしては少ないため、熱帯の重要な作物であるココナッツなどはうまく育ちません。

しかしかつては、イースター島にも多様な樹木からなる森林が広がっていたことが、花粉や炭素の分析調査から明らかにされています。

西暦900年以前、ポリネシア系の先住民はカヌーで何週間も海を航行した末、この島にたどり着いて定住を始めました。彼らは住居建築、薪やカヌーの製作、モアイの製造や運搬に利用するために、大量の材木を伐採しました。

モアイと呼ばれる巨大石像は祖先崇拝の象徴であり、宗教的な建造物とする説が有力です。モアイは11世紀から16世紀頃にかけて製作されましたが、およそ半数近くは製作途中の状態で今も採石場に残されたままです。

イースター島での氏族同士の争いは、もともとはお互いがより大きなモアイ像を建てることで競っていました。しかし、乱伐による資源の減少でモアイ像が建てられなくなると、残された木材資源の奪い合いや、敵方のモアイ像を引き倒して破壊することに争点が移ってしまいます。生活環境の危機を感じた人々は、なお一層先祖に祈祷《きとう》をする意味でモアイを崇拝しました。

そして15世紀初頭から17世紀には、貴重な資源であるはずの森林が丸ごと姿を消して、全種の樹木が絶滅したといわれています。また、森林破壊による土壌侵食で、作物の生産高も減少の一途をたどり、飢餓が発生して人肉食も起こったといわれています。

1722年にオランダ人の探検家ヤコブ・ロッヘフェーンが、イースター（復活祭）の日にこの島を発見するまでは、イースター島は1000年近くも外部との接触を持たず、ほぼ完全に孤立状態でした。ヨーロッパ人が島を発見した当時、食糧がとぼしい中生きながらえていた島の住民はほとんど裸で、まるで石器時代のような暮らしをしていたといわれています。

その後、各国からの捕鯨船や調査船が島を訪れましたが、1862年には大規模な奴隷狩りが行なわれ、島民の半数であるおよそ1500人を連れ去りました。彼らはペルーでの過酷な強制労働に従事させられて、大半はとらわれた状態のまま命を落としました。

のちに、生き延びることができた10人あまりの奴隷が島に帰ってきた際、天然痘《てんねんとう》などの新たな病気が持ち込まれてしまい、最大時には人口が1万5000人以上もいたといわれる島民は、1872年にはわずか111人となっていました。

進化生物学者のジャレド・ダイアモンド氏は、イースター島社会の崩壊について、次のような原因説を唱えています。

①太平洋内でも脆弱《ぜいじゃく》な環境であって、もっとも高い森林破壊のリスクを抱えていたという特異な地理的要因
②孤島という条件のせいで避難や移住が困難であったこと
③島民の関心が石像の建設に集中していたこと
④氏族や首長同士の競争で大型の石像が建造されるようになったため、大量の木材、縄、食糧が必要とされたこと

この、イースター島が崩壊していく過程から、私たちは何を学べるでしょうか。

イースター島の歴史は、遠い国で起こった遠い昔の話で終わらせることのできない、絶滅の過程を学べる、私たちにとっての貴重な教科書ともいえるのです。

〝世界の終わり〟まであと2分

みなさんは**「世界終末時計」**の存在を知っていますか。

これは、米科学誌「ブレティン・オブ・ジ・アトミック・サイエンティスツ」が冷戦時代の１９４７年に創設したもので、気候変動や核兵器などが原因となって地球が滅亡するときを時刻の午前０時に見立て、それまでの残り時間を象徴的に示しているものです。

２０１８年１月には「世界終末時計」の針が30秒進められ、これにより人類滅亡を示す午前０時まで、残り２分に迫ったことになります。

同誌のケネット・ベネディクト事務局長は、「今日、抑制のきかない気候変動と、備蓄された膨大な兵器の近代化による核軍備競争は人類が生存し続けるうえで、重大かつ明白な脅威となっている」と語っています。

地球環境の悪化や人類の家畜化現象などを見ても、絶滅へのカウントダウンは刻々と進み、その脅威は私たちが考えているよりも目前に迫っていることは明らかです。

この際、私の大好きな、そして運命共同体でもある寄生虫たちとともに、人類も地球上から姿を消してしまうのも悪くないとは思いますが、強運も手伝ってここまで命をつないできた人類なのですから、私たちが存続することには何か大きな意味があるはずです。

せっかくですから次章からは、人類の絶滅を回避するための方策について考えてみましょう。

第5章 人類の絶滅を回避する意外な方法

チンパンジーとヒトの遺伝子は99％同じ

ヒトとチンパンジーは、生物進化のうえで非常に近い共通の祖先を持っていて、500〜700万年くらい前に共通の祖先から分岐したとされています。

チンパンジーの遺伝子は98・77％が人間と同じだといわれています。つまり人間は、98・77％チンパンジーだということです。したがって、ヒトとともに進化してきたチンパンジーを研究することは、私たち人間を理解するうえで欠かせないものです。

京都大学霊長類研究所の松沢哲郎教授は、「アイ」とその息子である「アユム」をはじめ、多くのチンパンジーを研究していることで世界的にとても有名です。

アイはコンピューター画面を使って数字や文字を覚えることができます。

たとえば、チンパンジーが「問題をください」を意味するコンピューター画面に表示された白い○に触ると、1から9までの数字がばらばらに出てきます。その数字を小さい順番に指で触れていくことができるのです。

アイの息子であるアユムは、最初の4年間はまったく何も教えずにお母さんのそばにいるだけでしたが、4歳（人間の6歳で、小学校1年生にあたる）のときに、お母さんと同様にアユム用のコンピューター画面を与えられました。

アユムは母親の様子をそばで観察していて、課題を理解していたのでしょう。みるみる数字を学習して、半年で1から9まで、現在は19まで数字の順番がわかるようになったのです。

またアユムは、5歳半のときに記憶のテストを受けました。

このテストはマスキング課題というもの

で、まずコンピューター画面に「1、2、3、4、5、6、7、8、9」という数字がランダム表示されます。チンパンジーがいちばん小さな数字である「1」に触れると、「1」が消えると同時に残りの2〜9の数字が四角い図形に変わってしまい、前の数字が何だったのかわからなくなってしまいます。

しかし、アユムは「1」を押したあとで迷うことなく「2」だった四角形、「3」だった四角形を順番に押していったのです。つまり数字を瞬時に記憶して小さい順に数えることができるということです。

アユムが最初の「1」を触るまでには、たった0・7秒です。画面に数字が現れたと同時に、アユムはすべての数字の位置を覚えているのです。そしてほとんど間違うこともありません。

アユム同様、他のチンパンジーの子どもにやらせてみても、皆同じように課題をこなせますが、大人のチンパンジーにはできないそうです。そして、この課題を9歳くらいの人間の子どもでやってみましたができず、大人として京大生も挑戦しましたが、やはりだれ一人として、アユムにはかなわなかったそうです。

アユムは、5個の数字を0・06秒見せる、という極端に短時間の提示条件であっても、50％の正答率で課題をこなします。さらに、こうした一瞬見ただけで細部を記憶できる記憶力が10秒間以上続くこともわかりました。しかし、10秒以上は「待て」というのが難しく、調べるのが困難なようです。

人間より優れているチンパンジーの記憶能力

このように、数字を一瞬で記憶する一連の比較研究から、「チンパンジーのほうが人間よりも記憶課題で優れている」ということ、そしてチンパンジーは「直観像記憶」という、直接的な記憶能力を持つということが示されました。

松沢教授は、彼らの野生の暮らしに、こうした瞬間的な記憶が役に立っているといいます。

野生のチンパンジーは群れをつくって生活していて、群れ同士の争いも頻繁にあるため、他の群れと出会ったときは瞬時に相手の数や位置を把握し、戦いに備える必要があります。

また、美味《おい》しそうな赤いイチジクの実を見つけたとしても、そこまで木を伝って行くための枝を見つけなくてはなりません。イチジクは大木なので枝を誤るとかなりの遠回りになってしまいます。

また、先着のチンパンジーがいた場合、どの枝にだれがいるかを見分けることも必要です。自分より順位の高い大人のオスの近くでは、おちおち実を食べてなどいられません。

イチジクの実の熟れ具合と位置、先着者の有無などを、木を見た一瞬のうちに知ることが、チンパンジーにとってはもっとも重要です。

これらの理由から、チンパンジーは一瞬で目の前の情報を記憶する「直観像記憶」の能力を進化させたと考えられているのです。

このように、チンパンジーの子どもは「直観像記憶」の能力を普通に持っています。

しかし、ほとんどの人間はこの「直観像記憶」の能力を持っていません。

チンパンジーと人間の遺伝子は98・77％が同じだといわれているのに、どうして人間はこの能力を持たないのでしょうか。

言葉を手に入れた人間が失ったもの

「直観像記憶」を人間が失ったことについて、先に記した京都大学霊長類研究所の松沢哲郎教授は、次のような仮説を出しています。

昔、人間とチンパンジーの共通祖先は直観像記憶を持っていて、チンパンジーはそれを色濃く残しました。そして人間は、人間になる過程で直観像記憶を失って、その代わりに言語を取得したという「知性のトレードオフ仮説」です。

チンパンジーが群れで生活するうえでは、直観像記憶が優れているほうが生存率は高まります。前に述べたように、本の枝にイチジクなどのごちそうを発見したときには、到達するまでの枝と、周りに存在する上位のオスの有無を、一瞬で把握しなければならないからです。

しかし人間の場合、目の前をパッと通り過ぎた生き物のことを「目が二つあって、身体がこげ茶色で、四本足で走って、大きくて、毛むくじゃらだった」と目視像を記憶するよりも、「クマが出た！」と覚えて他人に話すだけで、正確に大勢へ向けて伝わります。チンパンジーが持つ瞬間的な直観像記憶があっても、その能力だけでは体験を仲間と共有しにくいのです。

チンパンジーとの共通祖先から分離し、木を降りて二足歩行の生活を始めた人間は、体験共有のできる言語能力を独自に進化させてきたのだといえます。

私たちからするとチンパンジーの直観像記憶の能力は羨《うらや》ましく、どうせなら言語能力とともにこの能力も残っていたらいいのにと思うかもしれませんが、そうもいきません。

それは、脳の容量が決まっているからです。

樹上生活では四足歩行で、頭は身体《からだ》の前方に位置していましたが、環境変動による食糧不足など何らかの原因により、木を降りて二足歩行をするようになりました。

このことで頭は身体の上に位置するようになり、二本の手が自由に使えるようになりました。また、直立歩行することによって口腔《こうこう》と咽頭腔《いんとうこう》が直角になる遺伝的変化が起こり、複雑な話し言葉を可能にしたのです。

脳の容量は、350万年前のアウストラロピテクスで約400ミリリットルでした。250万年前にアウストラロピテクスから分岐したとされるホモ・ハビリスの脳は約640ミリリットル、150万年前に生存し石器の利用もあったとみられるホモ・エレクトスは約1040ミリリットルと、進化するにつれて少しずつ脳容量が増えてきています。

次いで50万年前から13万年前にかけてホモ・ネアンデルターレンシスが現れましたが、脳容量は約1500ミリリットルもありました。現代人であるホモ・サピエンスの脳容量は、少し小さくなって約1400ミリリットルとなっています。

このような進化過程の中で、身体の大きさにはあまり変化はなかったのに、脳の容量だけが3倍以上も大きくなっています。

脳の容量オーバーが招いた結果

この急激に脳の容量が増えた頃、人間的な子育ても始まったのだと考えられています。母親だけでなく、複数の大人たちが協力して複数の子どもを同時に育てるという、コミュニティの中での利他行動や協力、役割分担が可能となったのです。

このような協働の場面が増えてくると、直観像記憶よりも言語が役に立ちます。言葉は複雑な思考を可能にし、物事の理解を助けます。できごとを理解して他者に的確にわかりやすく伝えたり、できごとを解釈しつつ思ったことを伝え合うことで、自分の考えや集団の考えを発展させたりすることができます。

言葉は、論理や思考などの知的活動の基盤であるとともに、コミュニケーションや感性・情緒の基盤でもあります。言葉による情報共有により、他者との結びつきが強固になっていったのです。

しかしその能力を得たことで、脳は他の能力を捨てなければなりませんでした。人間の脳容量はとても大きくなりましたが、もうこれ以上に詰め込む余裕がなかったのです。

「No pain, No gain（痛みなくして成長なし）」ともいうように、何かを得るには、何かを代償にしなければなりません。

限られた脳容積の中で、いかに効率的な神経活動をすれば環境に対応できるかを試行錯誤した結果、今の私たちの脳ができあがりました。

私たちの脳は、選択に選択を重ねた結果のいびつな物体で「バカ」に見えることもありますが、祖先から代々受け継がれてきた苦労が重なった結晶だともいえるのです。

言葉を得た人間はどこへ向かうのか

地球上では長い間、弱肉強食が繁栄のための強力な推進力でした。ヒトの祖先も同様に狩りをし、競争相手を打ち負かす力が進化を導いていました。

しかし、ヒトは生存競争のために身体を恐竜のように巨大化させるのではなく、鋭い牙《きば》を発達させるのでもなく、脳容量を最大限に活用して言語能力を身につけることを選択しました。

弱い者は互いに助け合い、共同体の中に住むという安全な方法を見つけ、進化はこの方向に進んでいったのです。

そこから、人間の文化は加速度的に発展を始めました。たとえば、文字の発明と使用、印刷技術の発明がさらなる発展を加速させました。現在は、通信手段の多様化、コンピューターの発明、インターネット革命などによって時間や場所を選ばずに大量の情報が得られるような、一昔前では考えられなかった高度な文明世界へと変化しています。

言葉と会話を可能とする遺伝的な変化を獲得した人類は、身体の遺伝的な変化を待つことなく、知識を集積するスピードに依存して文化を発展させてきました。

そして人類は地球の歴史が始まって以来初めて、すべての生命を破壊しつくす能力を持った種へと変化したのです。

しかし、だからといって喜んでばかりはいられません。

人類の文明発達がスピードを上げるほど、地球上の生物の多くが絶滅の危機に直面する確率も加速していきます。文明の変化に遺伝子の変化がついていけなくて、私たち人間も動物同様に絶滅する可能性がとても高いのです。私たちがつくり上げてきた文明が、自らを滅ぼしかねないところまで来ているのだと思います。

前に述べたように、私がこよなく愛してきたヒトカイチュウや日本海裂頭条虫と呼ばれるサナダムシも、国内での感染はほとんど見られなくなりました。寄生虫のような小さな生物の絶滅は、多くの人には、どうでもいい、または気持ち悪いものがいなくなって良かった程度のことかもしれません。

しかし、よく考えてみてください。

私たちが人類の長い歴史の中で共存してきた生き物が消えているということは、それだけ私たちの身体が住みづらくて生きていけない環境になっているのであり、私たちの身体の中でも環境破壊が起こっているということなのです。

私たちと共生している腸内細菌や常在菌の大切さは、本を読んで常に勉強している皆さんならすでによくご存じだと思います。言葉の能力を得た私たち人類は、人からの伝達、本、インターネットなどの媒体を通して自分や他者に有用な情報を得ることができるようになったため、ここまで繁栄できたのです。

しかし今、環境破壊や絶滅の問題はとても切迫したものになっています。また、世界のさまざまな場所での戦争や紛争などの問題も、一向に解決する気配がみえません。

私たちは有用な情報を簡単に豊富に得られているはずなのに、なぜこのような問題が絶え間なく起こり、それらを解決するのが難しいのでしょうか。

チンパンジーは絶望しない

チンパンジーの直観像記憶の能力は、進化の過程で人間には残らなかったことを前に述べました。チンパンジーは自然界で生き延びるため、今ここにあるものを鋭く見極める能力が必要だったからです。

しかし、人間は社会で生き抜くために、目の前にないもの、今ここで起きていないことを想像する能力を授かりました。

私たち人間は、あらゆる物事の意味や背景、他者との関係性、実際には存在しないものについてもあれこれ思い悩んだりします。また、過去を後悔したり反対に未来を絶望したりもします。しかし、チンパンジーは、「今ここ」を生きているので、絶望はしないそうなのです。

京都大学霊長類研究所の松沢哲郎教授は、これらのチンパンジーと人間との違いについて、**「これは人間が、『希望』を持つ能力を持っていることを意味するのではないか。人間は想像するからこそ絶望もし、だからこそ希望を持つこともできる。しかし、絶望のないところには希望も生まれない。そ**

のような大切なことを、チンパンジーが教えてくれているのではないか」と語っています。

先に、今は情報が大量・簡単・迅速に得られる時代なのに、どうして多くの問題が一向に解決しないのか、と述べました。

私が思うのは、情報は多ければ多いほど良いというわけではないということです。

実はこれは17世紀頃からいわれていることで、ドイツの哲学者であるゴットフリート・ライプニッツがあまりにも多い本の出版に嘆き、イギリスの詩人であるアレキサンダー・ポープは、あまりに多すぎる著者の数について警告しています。

そしてここ50年くらいで、私たちが受け取る情報量はさらに急激に膨れ上がっています。街頭テレビでプロレスを見たり、手紙を出して返事を待ったり、駅の待ち合わせで相手が来なくて掲示板に伝言を残したりと、のんびり情報を受け取っていたのはすでに過去の話となりました。

現在のようにテレビなどの情報メディアと常に接し、携帯電話・メール・インターネットを利用してリアルタイムで大量の情報を受け取り続ける生活に慣れてしまうと、

情報に対して受動的になってしまって、自分で考えることをやめてしまうのです。

たとえインターネットで検索して、欲しい情報を能動的に得ているとしても、それについて「本当なのか？」「どうしてなのか？」と疑いもせず、鵜呑《うの》みにしてしまうのも思考停止の原因です。

ウィスコンシン大学心理学名誉教授のジョアンナ・キャンター氏は、情報過多が意思決定を邪魔するのには二つの理由があると述べています。

一つ目は、人があまりにも多くの情報を見ていると、無意識下での思考をやめて決定を意識にまる投げしてしまうためだといいます。二つ目は、余分な情報を削除したほうが無意識下での思考を熟成できるためということです。

もちろん、私たちが情報を得ることはとても大事なことです。真実を知ること、できごとを知ることによって、自身の意識や行動が変わるからです。

しかし、今必要がない情報まで大量に得られるような、常に情報が更新されている状態では、思考が停止して想像力も麻痺《まひ》してしまいます。

人間が進化の過程の中、苦労して獲得した「想像力」という宝物を自ら捨ててしま

うことが、人類滅亡への近道になりかねない、と私は感じています。

「同感」「同情」「共感」はどこが違うのか？

私たち人間は、言葉による複雑なコミュニケーションをとりながら、助け合い、共同体をつくり、住みやすい環境を構築してきました。「人間」「世間」という漢字が示しているように、私たちは人と人との間、人と人とのつながりの中で生きているということです。

この人と人との間にある目に見えないつながりのことを「共感」と呼びますが、それは人を惹《ひ》きつける引力のようなものだ、と私は思っています。

ところで、人や意見に対して「同情する・同感する」といいますが、「共感」との違いは何だと思いますか。

まず、参考までに辞書を引いてみましょう。

【同感】同じように考えること。同じように感ずること。
【同情】他人の苦しみ・悲しみ・不幸などを同じように感じ、思いやり・いたわりの心をもつこと。かわいそうに思うこと。
【共感】他人の考え・行動に、全くそのとおりだと感ずること。同感。他人の体験する感情を自分のもののように感じとること。

（三省堂『大辞林』第三版参考）

辞書を見ると、同情は相手がかわいそうと思うことから派生している、上から目線的な感情であることがわかりますが、同感と共感はだいたい同じような意味を持つ言葉だと受け取れます。

しかし私は、この同感と共感とは大きく違うものだと思っています。

同感は、自分と相手の価値観が同じように感じ合って賛成する、いわばお互いの価値観という閉じた枠の中で生じるものです。

それに対して共感とは、自分が必ずしも同意するとは限らないけれど、相手の立場

や感情を想像しつつ、相手の立ち位置で感じてありのまま受け入れることです。

つまり、同感は狭い枠内で生じる感情であることに対して、共感は外に開いている感情であり、コミュニケーションを上手にとったり広げようとするときに本当に必要なのは「共感力」なのです。

共感上手な人は、相手の緊張や警戒心を解きほぐし、信頼感を生みます。たとえば、一流のホステスやホストと呼ばれる人は、必ずしも容姿が抜群に良いわけではありません。容姿だけで勝負しようと思えば、周りにライバルはたくさんいるはずです。

では、どうして一流と呼ばれるようになるのかというと、どんな立場のお客様にも話を合わせることができる力で差をつけるのです。

外資系大企業の社長を歴任し「伝説の外資トップ」として有名な新将命《あたらしまさみ》さんは、銀座のあるナンバーワン・ホステスに、話題合わせの秘訣《ひけつ》を尋ねたことがあるそうです。

彼女は最初の頃、お客に合わせるには、自分を変えなければいけないと思っていました。しかし、それは大変苦痛だったそうです。

あるとき、お客の一人に「相手に合わせて自分を変えるのは大変だ」と、つい愚痴をこぼしてしまいました。

そのお客は**「相手がキリスト教徒だからといって、仏教徒がキリスト教徒になる必要はないんだよ。必要なのはキリスト教の知識だよ」**と、そのとき答えたそうです。

つまり、自分を変えるのではなく、自分の器を広げることが大事なのだ、自分の器を広げることで、相手に合わせることは充分できるのだ、と彼女はこのとき気づきました。

そして、自分の器を広げるために、1カ月に本を8冊、雑誌を10誌読み始めます。読書は文学から経営書までジャンルを問いません。その他にも映画、演劇、著名な人の講演会、それに音楽会や美術展にも足を運びました。「今、自分がナンバーワンだというなら、それはこうした自分磨きの結果です」と彼女は言っています。

簡単に「共感する」といっても、それができるようになるにはまず、必要となる知識と情報を選別し、勉強して裾野《すその》を広げることです。そしてさまざまな立場からの想像を膨らませていくのです。

そうすることで自分の器もどんどん広がっていき、人間的魅力にあふれた想像力と共感力が養われ、人と人との間のつながりも増えていくのです。

ホーキング博士のメッセージが教えてくれること

中東のシリア内戦による人道危機が深刻化しています。現在も内戦は収束する兆しを見せていません。戦火に追われる難民の緊急支援と保護のために、日本にいる私たちも何かできるかを考えなければなりません。

このことについて**宇宙物理学者のスティーヴン・ホーキング博士**は、「セーブ・ザ・チルドレン」への寄稿の中で、人類とその未来について語っています（全文は「セーブ・ザ・チルドレン」のホームページ内〈http://www.savechildren.or.jp/〉にありますので、興味がある方は全文をお読みください）。

＊

今日、人類はかつてなく急速に発展しています。私たちの知識はますます拡大し、それに伴いテクノロジーも進化しています。しかし、人類には未だに本能があります。石器時代にあったような攻撃的な衝動は、その代表と言えます。攻撃性は、生き残っていくうえで確かに優利なのですが、現代のテクノロジーと古代の攻撃性が合わさると、人類全体そして地球上のほとんどの生物が危険にさらされることになります。

（中略）

シリアで起きているのは忌まわしい行為であり、世界はそれを遠くから冷ややかに見ているのです。私たちの感情的知性は一体どこへ行ってしまったのでしょう？

また、私たちが共有する正義の感覚は？

歴史を通して、おおよそ人類の行動は、自らの種の生存を助けることを計算に入れてこなかったように映りますが、それでも私が宇宙の知的生命について言及するときには、そこに人類も含めるようにしています。

攻撃性と異なり、知性が長期的に生き残るために優利となるのかどうか定かではありませんが、私たち人類の誇る知性は私たち自身だけでなく、私たちが共有する未来について思考を巡らせ、計画を建てる能力を有します。

私たちはこの戦争を終わらせ、シリアの子どもたちを守るために共に行動しなければなりません。国際社会は、この紛争が全ての希望を焼きつくしながら激化していった3年の間、ただ傍観者として眺めてきました。私は一人の父親として、また祖父として、シリアの子どもたちの苦しみを目撃し、今ここできっぱりと述べます：もう終わらせるのだ。

（中略）

シリアでの紛争は人類の終わりを意味するものではないかもしれませんが、そこで行われている非道のひとつひとつが私たちをつなぎとめる壁を削りとっています。宇宙の正義の原則は物理学に根差したものではないかもしれませんが、私たちの存在の根源的な本質であることに変わりはありません。それがなければ、そう遠くない未来に、人類は存在しなくなることでしょう。

＊

日本人のほとんどが訪れたこともない遠い国で起きていることですが、自分が住んでいる場所で起こらないという保証などどこにもありません。

そしてホーキング博士は「宇宙の正義の原則」がなければ、遠くない未来に人類は存在しなくなると警告しているのです。

今、世界のどこかで起きている紛争の事実を知って、難民となった人たちがどんな思いをしているか、どんな苦労をしているか、どんな痛みを感じているか、自分だったらどうするか、今の自分に何かできるか、想像を働かせてみてください。

ホーキング博士が語ったように国際社会での傍観者になるのではなく、遠い国にいる私たちもひとりひとりが想像し、共感し、行動することで、初めはたとえ小さな蝶《ちょう》の羽ばたきだったとしても、それがどんどん増幅して大きな竜巻へと変化し、ついには世の中を動かすことができるようになるのです。

じつは「残念なオス」こそが人類絶命回避のキーパーソンだった

この章を締めるにあたって、「想像と共感」とともに重要なキーワードを挙げておきます。それが**「多様性」**です。

第3章で私は「オスが不要になってきた」と述べました。そもそもオスとメスによる有性生殖は、外的環境の変化に対応するために〝多様性〟を確保する知恵でした。しかし、人類は脳を高度に発達させることで外的環境さえもコントロールするまでになり、その結果として面倒くさい有性生殖という方法を捨て去ってしまう可能性を論じました。発展しすぎた文明社会がオスを不要にしつつあるというわけです。

そう考えると、私たちが今、直面している絶滅の危機に対応するためには、多様性の確保、つまりは有性生殖を維持するためのオスの存在が必要不可欠ということにもなります。

第1章、第2章でご覧いただいたオスとメスの一見バカにさえ思える駆け引き、残念なオスの行為――メスにいたぶられ続けるオスや、生殖のために命を捧《ささ》げるオス、なりゆき次第で性を変える生物たち――それらすべては生物としての多様性を守ることで絶滅を回避し、自分の遺伝子を次世代につないでいくための方策だったのです。

さまざまなオスの残念な行為こそが、原初の生命の誕生から今日に至るまで連綿と命をつないできたというわけなのです。

それがわかると私には、すべての残念なオスたちの存在が、愛《いと》おしく思えてくるのです。

あとがき

本書の中で紹介した「トリカヘチャタテ」の発見が、2017年のイグ・ノーベル賞を受賞したということを後で知りました。

イグ・ノーベル賞というのは、「不名誉な」「恥ずかしい」などの意味がある英語の形容詞「イグノーブル」と、「イグ（反対を意味する接頭語）」にノーベル賞を引っかけたダジャレからできた、素敵なネーミングセンスを持つ名誉ある賞です。

人々を笑わせ、そして考えさせてくれる研究に対して贈られるノーベル賞のパロディ版ということですが、授賞式にはプレゼンターとしてノーベル賞受賞者も多数参加し、ハーバード大学のサンダーズ・シアターで行われるという、科学的には真面目でかなり本格的なものとなっています。

ただし、受賞者の旅費と滞在費は自己負担、2017年の賞金は10兆ジンバブエ・ドル紙幣1枚（日本円にして約0・37円）、賞状は審査員のサインが入ったコピー用紙、授賞式の講演では聴衆から笑いをとることが要求されるため、ある意味ではノーベル賞よりハードルの高い賞かもしれません。

ちなみに、2017年のイグ・ノーベル賞を受けたその他の研究は、「物理学賞：ネコが固体であるだけでなく、液体でもあることの流体力学的研究」、「平和賞：アボリジニの楽器の演奏が睡眠時無呼吸症の治療に効果的であることの証明」、「経済学賞：生きたワニに触る興奮がリスクの高いギャンブルを助長するという研究」など、どれも気になってしまうものばかりです。

仮に50年前にこの賞があったとすれば、私も自分のやっていた「寄生虫がアレルギーを抑える」という研究がイグ・ノーベル賞をとったのではないかと、つい想像してしまいます。

今回、生物学賞を受賞した「トリカヘチャタテ」の研究は、たいへんユニークな発見でした。このような世界の常識を覆すような発見や研究が、私たちの視点をさらに多様性あるものに変えてくれるのだと感じます。

ともすれば、私たちは人間の生態や考え方が常識だと考えてしまいます。

特に性別については、「男女はこうあるべきだ」という私たち人間が抱えている固定観念が強くあり、それがあるときは悩みとなったり、あるいはトラブルの原因になったりもします。

しかし、こうして生物界を見渡してみれば、どの生き物にも多様性があるのが当たり前で、それぞれの種でさまざまな進化を遂げていることがわかります。

性別というひとつの視点を取り上げるだけでもここまで違うのですから、それぞれに個性があると考えれば、天文学的な数字で違いが出てくるというのは必然的なことでしょう。

つまり、性別というものは多様性をつくるために生まれたものであり、コストや時間をかけてでも個性が必要なのだという、生物界の掟を垣間見た気がします。人間から見ると残念に思えるオスの行動や生態も、生物界から見れば重要なことを大まじめに成し遂げているのです。

私たち人間は、型にあてはめて考えることをどうしても好んでしまいます。しかし、そのように均一化された考え方は、生物界から見るととても危険なことです。品質が均一となった生物は生存戦略上では不利となり、絶滅の危機に非常に弱いからです。

理論物理学者のアインシュタインは、「想像力は知識よりも大切だ。知識には限界がある。想像力は世界を包み込む」と述べています。

人間に与えられた想像力こそ、人と人をつなぎ、より良い未来をつくる可能性を秘めています。多様性から学び、私たちが豊かな想像力を養うこと、想像力を失わないことが、私たちがよりよく生きることに繋がっていくのです。

藤田紘一郎

【おもな参考文献】

『「先送り」は生物学的に正しい』宮竹貴久／講談社＋α新書／2014
『恋するオスが進化する』宮竹貴久／メディアファクトリー新書／2011
『芸術と脳科学の対話』バルテュス＋セミール・ゼキ著、桑田光平訳／青土社／2007
『恋人選びの心』ジェフリー・F・ミラー著、長谷川眞理子訳／岩波書店／2002
『テストステロン』ジェイムズ・M・ダブス、メアリー・G・ダブス著、北村美都穂訳／青土社／2001
『不合理だからうまくいく』ダン・アリエリー著、櫻井祐子訳／ハヤカワ・ノンフィクション文庫／2014
『とりかへばや、男と女』河合隼雄／新潮選書／2008
『遺伝子の神秘　男の脳・女の脳』山元大輔／講談社＋α新書／2001
『「ニッポン社会」入門』コリン・ジョイス著、谷岡健彦訳／NHK出版生活人新書／2006
『恋の動物行動学』小原嘉明／日本経済新聞社／2000
『文明崩壊』ジャレド・ダイアモンド著、楡井浩一訳／草思社／2005
『想像するちから』松沢哲郎／岩波書店／2011

『人間はどこまでチンパンジーか？』ジャレド・ダイアモンド著、長谷川真理子・長谷川寿一訳／新曜社／1993

『伝説の外資トップが教える　コミュニケーションの教科書』新将命／講談社／2013

『覚悟の磨き方　超訳　吉田松陰』池田貴将編訳／サンクチュアリ出版／2013

『Birds Note』山岸哲／信濃毎日新聞社／2012

『ブッダ　真理のことば』（NHK「100分de名著」テキスト）／佐々木閑／NHK出版／2012

「オスマウスの涙に分泌されるペプチドESP1のフェロモン作用機構の解明」埴紗智子、東原和成／「実験医学」／2010年10月号

「クリストファー・アンダーセン著『ミック・ジャガー　ワイルド・ライフ』」（書評）横尾忠則／朝日新聞／2013年5月19日

「元気なオスを見ると健康なヒナが誕生」「NATIONAL GEOGRAPHIC」公式日本語サイト／2010年6月29日

「性的魅力をふりまくオスは衰えが早い？」「NATIONAL GEOGRAPHIC」公式日本語サイト／2011年8月10日

「コウノトリが三角関係？　雄が雌2羽の元を行き来」「神戸新聞NEXT」（Webサイト）／2013年10月30日

「だてマスク急増のハテナ」日本テレビ「ZIP！Web」／2012年11月28日放送

「特集：大絶滅と復活」「日経サイエンス」／2013年10月号

「一夫一妻になったわけ」B・エドガー／「日経サイエンス」／2014年12月号

「ニワトリはケッコー賢い」C・L・スミス、S・L・ゼリンスキー／「日経サイエンス」／2014年9月号

「くらしナビ 『見えない召使』使いすぎの人類」柳沢幸雄／毎日新聞／2015年1月11日

「人類の祖先と進化」Sharon Begley／「Newsweek」インターネット版／2007年3月19日号

Female Penis, Male Vagina, and Their Correlated Evolution in a Cave Insect（洞窟棲昆虫の「雌の陰茎」と「雄の膣」の間に見られた共進化）／吉澤和徳、Rodrigo L. Ferreira、上村佳孝、Charles Lienhard／Current Biology／April 18, 2014

Size doesn't matter in killer redback mating ritual／Malcolm Holland／The Daily Telegraph／December 07, 2008

Dangerous Dating: 4 Animals That Take Love to the Extreme／Angie McPherson／NATIONAL GEOGRAPHIC／February 14, 2014

Biodiversity: Life-a status report／Richard Monastersky／Nature／December 10, 2014

What If Humans Disappeared?／AsapSCIENCE／YouTube／January 28, 2015

The Science of Making Decisions／Sharon Begley／Newsweek／February 27, 2011

Want to innovate? Become a "now-ist"／伊藤穰一／TED2014／March, 2014